家居风格
设计全书

赵策明 编著

江苏凤凰科学技术出版社

图书在版编目（CIP）数据

家居风格设计全书 ／ 赵策明编著 . — 南京 ：江苏
凤凰科学技术出版社，2022.3
ISBN 978-7-5713-2766-8

Ⅰ . ①家… Ⅱ . ①赵… Ⅲ . ①住宅－室内装饰设计
Ⅳ . ①TU241

中国版本图书馆CIP数据核字(2022)第025560号

家居风格设计全书

编　　　著	赵策明	
项 目 策 划	凤凰空间/徐　磊	
责 任 编 辑	赵　研　刘屹立	
特 约 编 辑	徐　磊	

出 版 发 行	江苏凤凰科学技术出版社
出版社地址	南京市湖南路1号A楼，邮编：210009
出版社网址	http://www.pspress.cn
总 经 销	天津凤凰空间文化传媒有限公司
总经销网址	http://www.ifengspace.cn
印　　　刷	北京博海升彩色印刷有限公司

开　　　本	710 mm×1 000 mm　1／16
印　　　张	12
字　　　数	150 000
版　　　次	2022年3月第1版
印　　　次	2022年3月第1次印刷

标 准 书 号	ISBN 978-7-5713-2766-8
定　　　价	78.00元

图书如有印装质量问题，可随时向销售部调换（电话：022-87893668）。

前言

风格不只是"样子"

    风格是什么？如果只是把风格定义为审美情趣的体现，那就太小觑风格了。风格是文化的最外层，是文化的物态形式与物化形式。风格自身也分为三层：最外层是实用物质层，体现的是文化的物质部分；中层是形式层，体现的是文化中物质与心理结合的部分；最内层是观念层，体现的是文化的心理部分。

    风格影响人的生活方式，而生活方式的变迁又体现了文化的发展。风格、文化和人形成了第二空间的闭环，强烈作用于人的观念和思维，促使人的观念不断地更新与发展。这种作用主要表现在消费观念和审美意识的拓展，从而相互成就，相互塑造。因此，选择风格，也是人与文化之间的平衡。

    既然这是一种平衡，那么了解自己的现实，了解自己的向往，以及它们之间的差距，就变得非常重要。这中间的差距，就是风格可以发挥作用的最大空间。

    通过对已知现象的整理和加工，可获得更贴近自己想要的风格，由此给自己**带来更理想的环境，产生一些全新的思维方式和行为习惯，给原来的自己注入新鲜元素，从而产生新的活力，进一步靠近自己理想的方向。**

    好了，我们一起出发吧。寻找自己的风格，如果让我只保留一句希望你记住的话，那一定是这句："你自己"是风格唯一正确的起点。

一、了解自己的现实：空间与生活动线等

达成什么风格，80% 由你家中的"硬件"决定。

对于想要达成的风格，明确自身的条件是十分重要的。比如你要考虑，自己家空间的长宽比和层高是多少，采光怎样，自己习惯的生活动线是什么样的，以及想要拥有哪些功能，最后对比一下这些条件和喜欢的风格是不是有冲突。

就像穿着打扮一样，要根据自己的外形条件和气质，选择适合自己的衣着搭配。如果选择不当或者搭配不当，看起来可能就会有些怪。

对于室内设计风格的搭建来说，空间改变不易，比如大小很难改变（但可以通过各种元素给人视觉层面的放大感），层高、采光也很难改变，那么就可以这样做：统一将不可以改变的东西作为基础，改造可以改变的，比如颜色、造型等，再不断地找寻适合自己家里的家具单品，搭配适合的软装颜色。在这个过程中，构建出来的家的外观与感觉就叫风格，而不是你在万千已有的"制式"风格中找到一种硬套进自己的家中。

二、了解自己的向往：调整状态，寻找生活的高光点

回溯自己的日常生活，很多人都有这样的感受：生活越来越乏味，开心的时候越来越少，总觉得自己被生活推着向前走，却又不知道会被推到哪里；既迷茫，又焦虑。想要把日子过得平衡而滋润、丰富而精彩，却完全无从下手。

也许，在某一天，偶尔也会闪现这样的场景：你悠闲地品尝着美食，找到了动人的滋味；或是有了些许时间，去读一本好书；又或者和最爱的人在一起，体验了一次难忘的旅行。

想一想，你有多久没有体验过从容自在的感觉了？这种对从容自在的渴望，背后潜藏着对安全感、力量感和掌握自己生活的向往。

这种向往可以更具体一些，你可以将它带入到你自家的空间中来，让空间满足你对理想的家的渴望。那么，首先要弄清塑造空间时以谁为中心，即明确主次：家中要以人为中心，而不是以物为中心，物要为人服务。然后再考虑家中漂亮与否，比如你渴望自己的家能像展览中那些美观的家一样，这就需要动动脑子，把你喜欢的部分转化成适用于你家中的形式来使用。

三、离理想更近一点：打通人和空间的关系和状态

这里举一个具体的例子。比如，某个人希望改善自己急躁的性格，向往能让人安静、淡定的空间，那么这种情况，就可以尝试在家中留一个专门的可供冥想沉思的空间，或者在空间装饰时尽可能选用同色系中饱和度较低的色彩，通过不同的材质来体现质感。这些对急躁性格的改善是有明显促进作用的。

这其中的原理是这样的：低饱和度的色彩，在不同材质间的对比不明显，这种观感本身就很静谧，不像高饱和度的色彩，或者明显不同色彩之间的强烈对撞，就会显得很活跃、躁动，让人的情绪也随之激动起来。

不同的风格，给人以不同的感觉；而要实现不同的感觉，就要选择适当的空间表达。总之，想要满足自己的需求，便需打通人与空间的关系，帮助自己的家不断靠近向往的样子，离理想更近一点。

赵策明

2022 年 2 月

目录

第 1 章　风格的概念及特征　　　　**11**

第 1 节　风格是什么　　　　12

第 2 节　区分不同风格的特征　　　　15

　　一、形状　　　　17

　　二、色彩　　　　19

　　三、材质　　　　21

第 3 节　风格的塑造需要成本　　　　23

第 2 章　北欧风格　　　　**25**

第 1 节　北欧风格因何而生　　　　26

　　一、北欧风格的典型元素（材质、图案和家具）　　　　28

　　二、北欧风格空间色彩如何选配　　　　43

　　三、北欧风格是如何定义尺寸及空间的　　　　49

　　四、塑造北欧风格时容易产生哪些误解　　　　50

第 2 节　北欧风格有哪些实践　　　　51

　　一、高级感和生活感如何取舍　　　　51

　　二、北欧风格案例分析　　　　52

第 3 章　日式风格　　57

第 1 节　日式风格因何而生　　58
一、日式风格的典型元素（材质、图案和家具）　　60
二、日式风格的颜色如何选配　　68
三、日式风格定义的尺寸与空间　　71
四、日式风格与北欧风格的异同　　72

第 2 节　打造日式风格的具体攻略　　75
一、日式风格的分类　　75
二、日式风格的应用技巧　　78
三、日式风格案例分析　　81

第 4 章　Art Deco 风格　　85

第 1 节　Art Deco 风格因何而生　　86
一、Art Deco 风格的演变　　87
二、Art Deco 风格的典型元素（材质、图案和家具）　　90
三、Art Deco 风格的颜色如何选配　　93
四、Art Deco 风格与古典主义风格的区别　　95
五、Art Deco 风格与东方风格的区别　　99

第 2 节　打造 Art Deco 风格的具体攻略　　106
一、Art Deco 风格对材质的运用　　106
二、Art Deco 风格对空间的诉求　　111
三、Art Deco 风格的采光与照明　　112
四、Art Deco 风格的应用技巧与案例　　114

第 5 章　现代风格　　119

第 1 节　现代风格因何而生　　121
一、现代风格的典型元素（材质、图案和家具）　　123
二、现代风格的颜色如何选配　　128
三、如何避免简约现代风格装修成"简陋现代风格"　　139

第 2 节　打造现代风格的具体攻略　　148
一、现代风格的硬装　　148
二、现代风格的软装及摆件搭配重点　　148
三、现代风格的光线及照明　　149

四、打造利落的线条 152

五、营造明亮宽敞的空间感 152

六、现代风格需注意精致的品质 153

七、怎样做到简约而不空旷、不显旧 156

第 6 章　新中式风格 **159**

第 1 节　新中式风格因何而生 160

一、新中式风格的典型元素（材质、图案和家具） 163

二、新中式风格的颜色如何选配 168

三、新中式风格目前的缺憾与可完善的空间 169

四、新中式风格易与东方风格混淆 173

第 2 节　打造新中式风格的具体攻略 177

一、新中式风格空间的自身建筑构件 177

二、新中式风格空间需注意留白 179

三、新中式风格的添境手法 180

尾声　怎样塑造生活感 **187**

第1章
风格的概念
及特征

美国《室内设计》杂志前主编斯坦利·阿伯克隆比（Stanley Abercrombie）在《建筑的艺术观》中这样写道："空间是我们自身的投影，借由这些空间，我们与世界相关联。窗户宛如眼睛，墙壁和屋顶宛如护甲，家具装饰则是我们对这个世界的想象。"简单来说，家居的风格可以在很大程度上反映出居住者的个性。风格代表的不仅是人们对颜色或款式的喜好，更是人们对自己生活方式的认同（图1-1）。所以，了解风格的概念、特征，并选出适合自己的风格尤为重要。

图1-1 风格体现居住者的生活方式

第 1 节

风格是什么

风格无处不在。古往今来，人们对风格有诸多解释，形成了很多框架，但风格在不同条件下往往具有许多不同的特点。那么，风格究竟该如何定义？

对于"风格"一词，大部分人是从了解艺术领域相关的名词或人物开始接触的，比如莫奈、马奈、德加等人所属的印象主义风格（图 1-2），或者哥特主义（图 1-3）、浪漫主义（图 1-4）及现实主义（图 1-5）等风格。

图 1-2　印象主义风格画作

图 1-3　哥特主义风格室内装饰

图 1-4　浪漫主义风格画作

可以说，风格的概念类似于色彩学中的色调、文学中的流派，虽然具体叫法不同，但性质是一样的。风格几乎可以用来描述所有的事物，包括纯艺术以及应用艺术的事物，甚至包括人的外貌和行为方式。总而言之，风格是指某类事物之间的共同特征。这种特征必须在该事物中占有主导地位，这些共同特征又被称为该风格的主导因素。

图 1-5　现实主义风格画作

就像着装有穿搭风格，编程语言有代码风格一样，装修也有设计风格（图 1-6）。但谈及某种风格究竟是什么，恐怕普通大众甚至装修设计从业者都难以说清。

图 1-6　穿搭、装修皆有风格

装修时，大多数人所说的风格可能只是对颜色的指向，就像提到日式风格，大家都认为是木色和白色的搭配。但是，日式风格中更经典的是全木饰或木色与黑色的搭配，还有浮世绘、障子门等日本传统装饰元素（图1-7）。由此可见，风格不是单一的颜色表达，而是多重元素复合叠加的结果。那么，有哪些特征能够区分不同的装修风格呢？第2节将介绍一些与装修风格相关的基本概念，方便大家理解后文介绍的装修风格的具体知识及实现方法。

图 1-7　日式风格的传统装饰元素

第 2 节

区分不同风格的特征

装修风格来源于生活，属于应用艺术领域，其与纯艺术领域的风格有很大差别。应用艺术类的风格是人们对身边所见之物的"外形上的共性特征"的一种约定俗成的描述性称呼，是一种广义上的风格概念。只有某一类物品外形上具有某种共性特征时，才会说它们是同一类风格。

室内设计风格与造型有关。物品的造型就是人们对该装修风格最初、最基本的认识，而同属于某一种风格的物品，在造型上存在共性特征。不同造型特征的物品给人带来的心理感受不同（图1-8）。

造型通过形状（图1-9）、色彩（图1-10）、材质（图1-11）三种特征来呈现。人们在看到一样东西时，首先注意到的就是形状和颜色，所以物体造型的主要特征就是这两者，而材质的影响力相比较而言要略弱一些，因为某些特殊的材质需要触摸或通过其他方式进行联想才能感知。这三者是室内设计风格最核心的支柱。

图 1-8　不同的特征给人带来的心理感受不同

图 1-9　形状

图 1-10　色彩

图 1-11　材质

就呈现风格的力度来说：形状最强，色彩次之，材质最弱（图 1-12）。

人们通过视觉将这三方面特征综合起来，就能形成不同的心理感受或联想。将这些感受进一步分类，就有了诸如日式风格、新中式风格、巴洛克风格、洛可可风格、艺术装饰（Art Deco）风格等一系列装修风格。

图 1-12　对呈现风格的力度来说：形状 > 色彩 > 材质

一、形状

构成形状的要素有轮廓、量感、形态三大部分。

1. 轮廓（图 1-13）

任一物体的表面都能被看成是由大量紧密排列的线条组成的外壳，这就是轮廓。根据其外部边缘线的不同，轮廓可分为直线型和曲线型。在实际应用中，判断某一形状的"直"与"曲"，通常是由它给我们带来的感受是直线感还是曲线感来决定的。一般来讲，直线感比较硬朗、端正、直接，曲线感则比较圆润、柔和、委婉。

图 1-13　轮廓

2. 量感（图 1-14）

量感是指一种形状的饱满、充实程度，是大小、薄厚、体积、重量、密度等指标的综合值。量感是一种相对的尺度概念，而不是绝对的尺码值。

尺码大的物体，量感不一定就大（图 1-15）。比如 1 kg 铁和 1 kg 棉花，虽然 1 kg 棉花看起来尺码大，但其量感并不比 1 kg 铁大。

图 1-14　量感　　　　　　　　　　　　　　　　　　图 1-15　空间中的量感

3. 形态

形态是指物品在一定条件下的存在样貌。物品的形态主要受其比例的均衡程度影响（图 1-16）。

图 1-16　形态受比例影响

比例是衡量物品是否均衡的一种定量概念，且和数值有一定相关性。在物体造型中，当整体和局部的主要尺寸之间有相同比值时，就会产生均衡感。

针对"究竟什么样的比例是和谐的"这一问题，目前并没有一个固定的答案。但是有几种最基本的比例，在实践中被证明是可以表达美感的。

①数字比例。数字比例是指整个形体的各项尺寸均与某一个数值有关，比如是此数值的倍数或分位数。

②无公约数的比例。这种比例必须用几何图法才能表现，其中最著名的是黄金分割比例（图 1-17）。

当某一物体的比例接近上述比例原则时，可以给人带来舒缓、平和、均衡的美感；反之，过于夸张的比例会给人带来冲突、矛盾、特异的感觉。

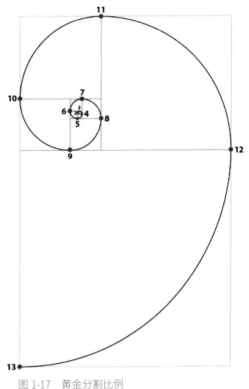

图 1-17　黄金分割比例

均匀、规矩、强调秩序的比例常给人带来庄严、肃穆的感觉，如现代风格。各种柔美的曲线按一定比例分布则更贴近洛可可风格。

二、色彩

色彩创造室内设计的视觉焦点。好的配色能够营造独特的空间氛围，进而形成风格。色彩包括色相、明度、彩度三个属性（图 1-18）。

1. 色相（图 1-19）

色相是各类色彩的称谓，除了黑、白、灰以外的颜色都有色相属性，如红、橙、黄、绿、蓝、紫等。可见光谱中色彩的层次，指的就是颜色的色相，也是色彩的主要表征。

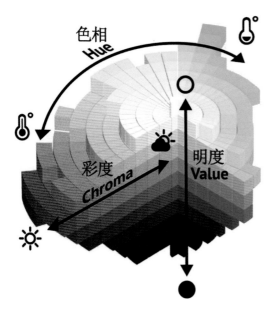

图 1-18 色彩的三个属性

图 1-19 色相

2. 明度（图 1-20）

明度是指色彩的明暗程度，也就是色彩对光线的反射程度，这是由光线强弱决定的。同一色相会因为明度高低而产生明暗变化，例如，绿色由明到暗有亮绿、正绿、暗绿等变化。

3. 彩度（图 1-21）

彩度指的是色彩的鲜艳度、饱和度、纯度或色度。三原色红、蓝、黄的彩度最高，中间色或复合色彩度则较低。以颜料为例，红、橙、黄、绿、蓝、紫等纯（正）色的彩度最高，若混合其他颜色，就会降低原本的彩度，混入其他颜色的比例越高，新产生的颜色的原彩度就越低。

只要色相发生细微变化，或两（多）色混合，或添加黑色、白色，有了不同的明暗度，颜色就会出现如同色系、邻近色、互补色等缤纷多彩的变化。

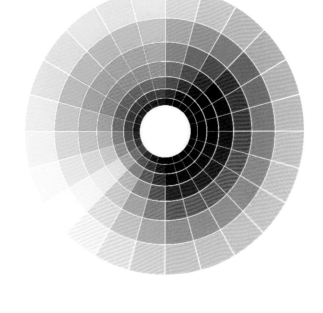

图 1-20　明度　　　　　　　　　　图 1-21　彩度

三、材质

　　材质给我们带来的心理感受也有曲直轻重之分（图 1-22）。柔软的丝绸、触感温和的木头带来的是曲线型的感受；光滑、锋利的玻璃以及坚硬的钢筋、水泥带来的是直线型的感受。丝绸和玻璃给人的量感都比较轻薄，钢筋水泥则比较沉重。但是，材质的这种区分仅仅是一种笼统的、相对的区分，随着材料加工技术的不断更新，结合形状与色彩，可以在很大程度上改变材质原本带给我们的感受。

图 1-22　材质给人带来的心理感受

总的来说，人们在观看物体时，大脑会收集物体的信息，并对其产生一定的感受。有资料显示，大脑收集的信息大约 65% 来自对色彩的感受，另外的 35% 左右则来自对形状和材质的感受。所以，只有在色彩、形状和材质三方面的信息都具备的情况下，一个完整的风格才会呈现在我们面前（图 1-23）。

图 1-23　完整的风格

第 3 节

风格的塑造需要成本

目前的主流风格包括但不限于日式风格（图 1-24）、新中式风格（图 1-25）、北欧风格（图 1-26）、现代风格（图 1-27）和 Art Deco 风格（图 1-28）。这些主流风格大都从实用的角度出发，且融合了当地的审美、传统和情趣。比如北欧风格，就是北欧人民理解的"实用主义"；日式风格，就是日本人民的"实用主义"。想要装修成完美的风格并不容易，需要满足很多条件。可以说，只有一部分人需要风格，这部分人有强烈的信念和充足的财力来打造一个完整风格化的家，并且非该风格不要。

强烈的信念是充分理解并认可某种风格所代表的生活方式，甚至能和这种生活方式完全同步。

图 1-24　日式风格

图 1-25　新中式风格

图 1-26　北欧风格

图 1-27　现代风格

衡量财力是否充足也有一定标准。从毛坯房算起，硬装（为避免歧义，也尽量精准一点，本书将硬装基础限定在一个范围内，即：假设该房屋可垂直旋转180°，不会松动脱落的部分为硬装）的花费不低于 5000 元 /m²（套内面积），可做到各种材料横平竖直，误差在 5 mm 以内；陈设（假设该房屋可垂直旋转 180°，松动脱落的部分即为陈设家具，电器另计）的花费同样不低于 5000 元 /m²（套内面积），才能装修出有风格的空间。

并不是所有人都能达到以上的标准，但这不意味着风格只属于少数人。用能够买得到、买得起的东西，打造出一个住得方便、看起来好看的家，根据自己中意的生活方式来搭建匹配的风格，便可以达到你理想中家的样子。

图 1-28　Art Deco 风格

第2章

北欧风格

为什么图 2-1 一看就知道是典型的北欧室内设计风格？其原因包含几点：

图 2-1　北欧风格室内设计案例

①颜色：除了黑白之外，主要是灰色和橘色，还点缀了些许绿色。

②硬装材质：选用了 20% 的材料色（在本案例中体现为地板的颜色）与 50% 的涂料色（体现为墙面和顶面的颜色）。

③软装材质：使用了玻璃（茶几面）、金属亮面的不锈钢与黄铜（花盆、落地灯）、层压板（书柜）等。

④造型层面：门窗细高，挂画、地毯、明装筒灯线条简约爽朗，符合北欧风格的格调。

⑤家具：选用了布艺沙发和 45 号椅的迭代版。

⑥植物：选用了橡皮树和油橄榄。

风格塑造，就是把握经典元素在空间中的数量比例。对北欧风格空间来说，表现北欧风格的经典元素（颜色、家具、造型、图案）越多，北欧风格就越完整。

第 1 节

北欧风格因何而生

要理解北欧风格，首先要了解北欧的自然风光（图 2-2）和历史文化氛围等。

从自然方面来说，北欧地处北温带与北寒带交界处，冬季漫长严寒，平均日照时间较少，夏季短促温暖，且湿度较高。由于日照时间短，当地人特别喜欢晒太阳，在色彩、光照表现上也更倾向于白亮。北欧虽地广人稀，资源种类少，但森林资源极其丰富（木材是家具装饰的主要材料），同时铁矿、石油、天然气、地热等矿产资源都较为丰富。由这些资源衍生的金属、塑料、玻璃等材质在北欧风格内也多有体现。

图 2-2 北欧风光（图片来自摄图网）

北欧风格以瑞典、丹麦、芬兰、挪威和冰岛这五个北欧国家的设计为代表。历史上，北欧各国均为农业国，直至第一次世界大战后，这五国才迈出工业文明的步伐。受工艺美术运动和新艺术运动的影响，北欧设计师开始思考"功能主义"，对器物"本质"的探索成为北欧风格形成的开端。由此，北欧诞生了一大批知名的特色家具。

北欧设计虽然诞生之初受到包豪斯学校所倡导的功能主义的影响，但这种设计主张并没有在北欧设计中站稳脚跟。这是因为，包豪斯风格过于冰冷，形式也过分拘泥于几何，比如伦敦大学建筑史学家雷纳·巴纳姆（Reyner Banham）就曾将包豪斯的设计定义为"一种非命定性的功能主义"（图 2-3）。后来，受到国情以及其他方面的影响，来自德国的功能主义在北欧融合了人文主义，逐渐本土化，从而不再教条，而是显得亲和。它更关注人本身的需求，在单个产品的设计上不过分强调几何，但仍注重其形式的简约。在家具设计细节上，其几何形状圆润，边角被设计成 S 形或波浪线形（图 2-4）。

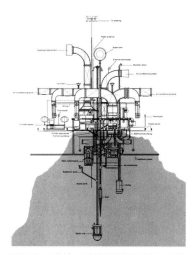

图 2-3　雷纳·巴纳姆和弗朗索瓦·达勒格雷的房屋解剖图

图 2-4　北欧风格家具设计细节

可以说，人体工程学、设计心理学等理论虽起源于美国，却在北欧设计中得到了更加深入的发展，从而诞生了一批设计大师，如布鲁诺·马斯森（Bruno Athsson）、卡尔·马姆斯登（Carl Malmsten）、凯尔·柯林特（Kaare Klint）、汉斯·瓦格纳（Hans Wegner）、芬·尤尔（Finn Juhl）等。

一、北欧风格的典型元素（材质、图案和家具）

北欧地区寒冷且森林资源丰富，所以无论是北欧建筑还是家居设计，木材都是主要材料，如云杉、白桦、松木、榉木等，其取材容易，且有较好的保暖性。同时，在北欧风格的家居设计中，动物皮毛、皮革、藤、棉麻织物等自然材料也被广泛使用。在工业化后，北欧风格也不抗拒金属、塑料、玻璃纤维等工业材料。因此，北欧风格在整体选材上以木材、皮革等自然材料为主，在搭配时则不拘泥于材料形式，原生态的动物皮毛、动物骨架、金属、玻璃等都能被很好地融入其中，如图 2-5 所示。

图 2-5　北欧风格用到的材质

　　在装修造型层面，北欧风格以横平竖直为主，体现空间的利落干脆（图 2-6）。在家具上，线条倾向于柔和，如流线型的座椅、沙发等较大的家具都彰显了以人为本的特征。在更小件的灯具及陈设品上，圆润与方正更为交融，如几何吊灯、星芒灯等（图 2-7）。

图 2-6　北欧风格的造型

图 2-7　北欧风格的灯具造型

　　北欧风格空间中常见的图案包括棋格、三角形、箭头、菱形等，另外，麋鹿和龟背竹也是北欧风格的代表图案（图 2-8）。

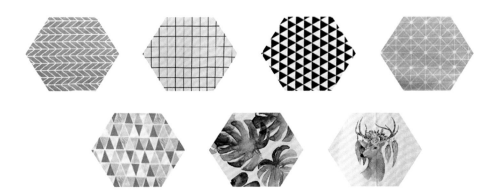

图 2-8　北欧风格代表图案

1. 特色家具（单人沙发、椅子和灯具）

单人沙发和椅子：贝壳椅（图 2-9）、天鹅椅（图 2-10）、蚂蚁椅（图 2-11）、蛋椅（图 2-12）、韦格纳椅（图 2-13）、Y 椅（图 2-14）、孔雀椅（图 2-15）、熊椅（图 2-16）、帕米奥椅（图 2-17）、伊姆斯椅（图 2-18）、潘东椅（图 2-19）、郁金香椅（图 2-20）、蝴蝶椅（图 2-21）以及球椅（图 2-22）等。

图 2-9　贝壳椅

图 2-10　天鹅椅

图 2-11　蚂蚁椅

图 2-12　蛋椅

图 2-13　韦格纳椅

图 2-14　Y椅

图 2-15　孔雀椅

图 2-16　熊椅

图 2-17　帕米奥椅

图 2-19　潘东椅

图 2-18　伊姆斯椅

图 2-20　郁金香椅

图 2-21　蝴蝶椅

图 2-22　球椅

灯具：PH-5 灯（图 2-23）、PH-Artichoke 灯（图 2-24）等。

图 2-23　PH-5 灯

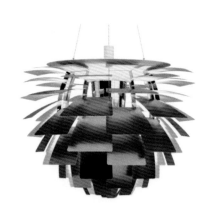

图 2-24　PH-Artichoke 灯

2. 特色饰品的类型与布置

（1）照片墙。

照片墙的布置方式可分为两种，分别为按功能区布置和按照片数量布置。

先来看第一种按功能区布置的方式（图 2-25），如楼梯处（走廊）、玄关处、床头和餐桌等功能区照片墙的布置方式。

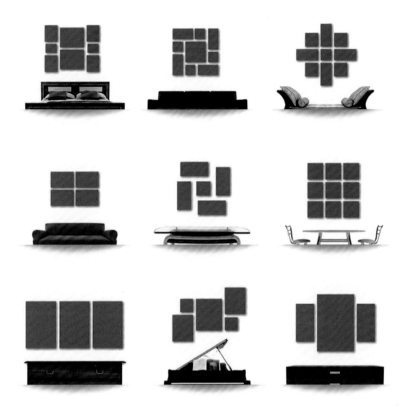

图 2-25　照片墙按功能区布置

①沙发墙（图 2-26）。沙发背后的墙面比较开阔，有密集感的照片墙首选此块区域，可轻松成为客厅的视觉焦点。

图 2-26　沙发墙

相框数量多且尺寸差异较大的话，选择上下轴对称为好，即沿图 2-27 中的黑色中轴线上下对称，但注意不要做成镜面反射般的精确对称。

②卧室墙（图 2-28）。床背后的照片墙通常单独放一张超大照片。如果你希望墙面能再丰富一点的话，不妨放上一横一竖两张主图和几张小图填补空角，这样既不失简洁，又有错落感。也可以做成主图轴对称及次要图斜角对称的形式，比如右上角和左下角的呼应（图 2-29）。

图 2-27　沿黑色中轴线上下对称布置

图 2-28　卧室墙

图 2-29　右上角和左下角呼应

③门厅墙（图 2-30）。布置柜子背后上方的照片墙时，柜子上如果有其他物品，就要把这件物品带来的视觉效果考虑进去（图 2-31）。

图 2-30　门厅墙

图 2-31　要考虑柜子上的物品带来的效果

如果柜子上没有任何台灯、花瓶等物品，应参照主图与次图围绕的模式，搭成一个略窄于柜子宽度的形状即可。

④餐边柜墙（图 2-32）。餐边柜和玄关柜类似，整体以矩形的形式搭成一个略窄于柜子宽度的形状即可。

⑤走廊墙（图 2-33）。可以在走廊墙上画出一条与地面平行的直线，所有照片均匀分布在该平行线的两侧。

图 2-32 餐边柜墙   图 2-33 走廊墙

⑥楼梯墙（图 2-34）。一些复式公寓可能会用到楼梯照片墙。这个区域的照片墙其实很难摆，考虑到拾级而上时要能看清大多数图片，所以不能摆得太水平，但斜线往上又很难操控。图 2-34 给出了一个实操方法，即每隔两个阶梯，向上等距离摆放一组图片，这里的一组图片可以由一张大图构成，也可以由数张小图构成，但是形状和尺寸要有相似性或者规律性。还可以参照走廊照片的摆放方式，画出一条与楼梯完全平行的斜线，所有照片均匀分布在该平行线的两侧，如图 2-35，而通过图 2-36 可以看出，楼梯扶手就是最精确的照片平行轴线。

图 2-34 楼梯墙

图 2-35 照片均匀分布在平行线的两侧

再来看第二种按照片数量布置的方式，如 6 ～ 10 幅照片（图 2-37）、15 幅（图 2-38）、20 幅（图 2-39）、40 幅（图 2-40）等，各种大小不一的组合能带来更多律动感。

以上两种方法的摆放原则详见图 2-41。

另外，相框可以在木质和金属之间依照自己的喜好做选择，都在风格范围内（图 2-42）。照片题材内容宽泛，绿植、自然景观、几何图形、人物、素描均可。

图 2-36 楼梯扶手是最精确的照片平行轴线

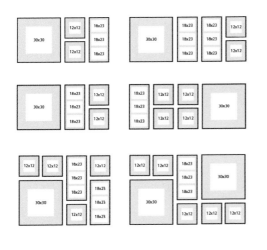

图 2-37　6～10 幅照片的摆放方式

图 2-38　15 幅照片的摆放方式

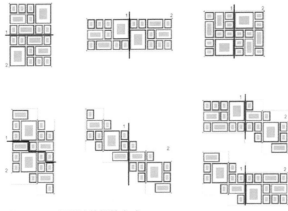

图 2-39　20 幅照片的摆放方式

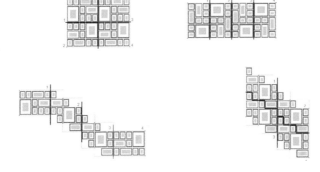

图 2-40　40 幅照片的摆放方式

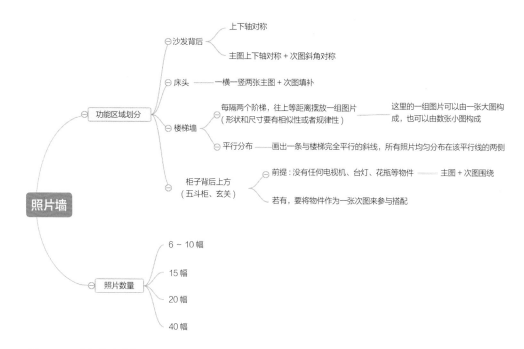

图 2-41　两种摆放方式的思维导图

图中文字：

照片墙
- 功能区域划分
  - 沙发背后
    - 上下轴对称
    - 主图上下轴对称 + 次图斜角对称
  - 床头 —— 一横一竖两张主图 + 次图填补
  - 楼梯墙
    - 每隔两个阶梯，往上等距离摆放一组图片（形状和尺寸要有相似性或者规律性）—— 这里的一组图片可以由一张大图构成，也可以由数张小图构成
    - 平行分布 —— 画出一条与楼梯完全平行的斜线，所有照片均匀分布在该平行线的两侧
  - 柜子背后上方（五斗柜、玄关）
    - 前提：没有任何电视机、台灯、花瓶等物件 —— 主图 + 次图围绕
    - 若有，要将物件作为一张次图来参与搭配
- 照片数量
  - 6 ～ 10 幅
  - 15 幅
  - 20 幅
  - 40 幅

图 2-42　相框

（2）网格架。

以黑色或白色居多，造型简洁又有一定的功能性，多出现在书桌边墙面（图 2-43）和照片墙（图 2-44）上，洞洞板是其衍生品（图 2-45）。

（3）谷仓门。

节约空间，安装方便，且有一定装饰性。除了多见的原木色（图 2-46），也不乏用黑色（图 2-47）、黄色、绿色、灰色（图 2-48）等色彩的谷仓门点缀空间。

（4）麋鹿造型的装饰。

包含但不限于鹿头挂件（图 2-49）、鹿头台灯及一些装饰挂画、摆件等（图 2-50）。

图 2-43　网格架在书桌旁墙面的应用

图 2-44　网格架在照片墙上的应用

图 2-45　洞洞板

图 2-46　原木色谷仓门

图 2-47 黑色谷仓门

图 2-48 灰色谷仓门

图 2-49 鹿头挂件

图 2-50 鹿头挂画与有造型感的灯具搭配

（5）植物。

琴叶榕、龟背竹、散尾葵、尤加利、鹤望兰、橡皮树等植物，配合藤编、水泥、黄铜材质的花盆，立刻呈现出北欧风格的感觉（图 2-51）。

图 2-51　北欧风格的植物

二、 北欧风格空间色彩如何选配

由于北欧地区的四季分布极度不均，北欧人的大部分时间在室内度过，居室自然成为他们最主要的活动场所。北欧家居设计的颜色通常非常丰富，以期让人从家居设计中获得一种温暖、明亮的心理感受。因此，北欧风格通常选用白色、象牙白等作为空间主体色，家具则通常采用原木色，配合居室的采光，能够最大限度地让人从心理上感到温暖、敞亮。在配色上，需要饱和度较高的颜色（如明黄、翠绿、正红等）作为点缀，从而起到愉悦心情、点亮空间的作用。北欧风格空间中也常见以黑白灰来营造高强度的对比效果，同时配合中性柔和的过渡色来稳定视觉空间，打破其视觉膨胀感（图 2-52）。

图 2-52　北欧风格空间色彩搭配

1. 白色＋黑色（图 2-53）

白色为主色，黑色为辅助色，用木质家具中和，特征凸显在家具和墙面造型上。白色为基底，黑色与灰色为渐层铺色，让空间多了几分沉静。可以在层架或窗框处使用黑色，塑造略带刚硬的空间线条（图 2-54）。

图 2-53　白色＋黑色　　　　图 2-54　北欧风格空间使用黑色塑造硬线条

2. 白色 + 灰色（图 2-55）

两者选一作为背景色，另一种作为点缀色，呈现出不同的明度变化。

有人说白和黑不算是颜色，因为它们太纯粹，而灰色刚好是介于黑和白之间的模糊地带，中和了两者。北欧风格空间渴望更多静谧氛围，因此很爱使用灰色和白色。这两种颜色穿插使用，让空间游走在纯粹和模糊之间，拉出沉稳感（图 2-56）。

图 2-55　白色 + 灰色　　　　图 2-56　北欧风格空间中灰色、白色穿插运用

3. 白色 + 原木色（图 2-57）

白色作为背景色，原木色作为主题色和辅助色，以家具或边框的形式呈现。

大量木色调能够调和空间的温暖氛围，因此，室内空间使用原木装修是常态。但是单一的白色显得有点冷清，需要活泼元素来活跃空间，通常会搭配暖色或明亮色彩的家具来平衡视觉焦点（图 2-58）。

白色加木色是北欧风格空间常见的主色调，也可以将使用木色的空间转化为有线条感的空间，比如将条纹状的原木当成空间设计线条，再佐以大面积涂料来塑造视觉效果，让家居在温暖的木色环绕下，不失设计美感，也更有层次感（图 2-59）。

图 2-57　白色 + 原木色

图 2-58 北欧风格空间需要搭
配暖色或明亮色彩的
家具来平衡视觉焦点

图 2-59 将木色空间转化为有线条感的空间，如将原木当成空间设计
线条，再佐以大面积涂料来塑造视觉效果

4. 白色 +（蓝色、木色、绿色）（图 2-60）

图 2-61 所示案例展示了两种颜色对冲下的空间
更具有明快感，跳色会让空间变得灵动有趣。白色
加上饱和的蓝色系，能让空间视觉变得丰富起来。

图 2-60 白色 +（蓝色、木色、
绿色）

图 2-61 两种颜色对冲的案例

5.（黑色、白色、灰色）+ 木质木纹 + 莫兰迪色系（低饱和度色）颜色（图 2-62）

莫兰迪色系的颜色通过木色来调剂黑白灰，令空间层次感更加丰富，时尚感更强。

6. 白色 +（莫兰迪色、马卡龙色）+ 金属色（图 2-63）

以白色为主色，搭配低饱和度的莫兰迪色或高饱和度的马卡龙色，重点是点缀金属质感的金色（图 2-64）。

图 2-62　（黑色、白色、灰色）+ 木质木纹 + 莫兰迪色系颜色

图 2-63　白色 +（莫兰迪色系颜色、马卡龙色）+ 金属色

图 2-64　空间中点缀金属质感的材料

7. 蓝色 + 黄色（图 2-65）

蓝色与黄色搭配是最典型也是最清爽的配色，但蓝色和黄色不倾向于使用莫兰迪色系（图 2-66）。

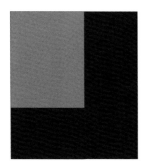

图 2-65　蓝色 + 黄色

图 2-66　蓝色和黄色不倾向于使用莫兰迪色系

8. 白色 + 莫兰迪绿（图 2-67）

将整个空间的 1/6 ～ 1/3 使用莫兰迪绿，其余的使用白色，呈现出丝丝复古的感觉（图 2-68）。

图 2-67　白色 + 莫兰迪绿

图 2-68　复古效果的搭配

9. 白色 + 莫兰迪粉（图 2-69）

整个空间的 1/6 ～ 2/3 使用莫兰迪粉，其余的用白色，粉色越多越唯美，文艺感越浓烈（图 2-70）。

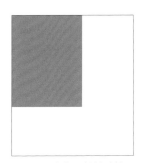

图 2-69　白色 + 莫兰迪粉　　图 2-70　粉色可营造唯美、文艺感的氛围

三、北欧风格是如何定义尺寸及空间的

由于北欧人民大部分活动时间在室内，因此北欧风格的家居设计会最大限度地考虑居室空间的舒适性和产品本身的易用性。北欧风格讲究的是物品本身设计与造型的简约（图 2-71），而用材节约并不是其考虑的第一要素，因此，北欧家具产品中多见有机型（指可以再生的、有生长机能的形态，给人以和谐、自然的感觉）。北欧地域辽阔，人均住宅面积大，对于单个家居产品而言，更注重其独立观赏性。因此在家居产品的设计上，更具有个性并注重细节，尺寸也更大一些（图 2-72）。

图 2-71　北欧风格家居造型简约

图 2-72　北欧风格的家居产品设计更具有个性并注重细节

四、塑造北欧风格时容易产生哪些误解

在塑造北欧风格时，很容易陷入风格分支的争论，造成人们对北欧风格的误解。比如北欧风格有两个主要分支：自然风格（Natural Style）和现代风格（Modern Style）。我们在说风格时，绝大多数的时候说的都是风格的现代层面的意义，就像北欧风格是北欧人民理解的"实用主义"。

由于北欧风格中倡导的"简约"受包豪斯功能主义设计思潮的影响，倡导在色彩、照明、材质上尊崇"少即是多"原则，达到以少胜多、以简胜繁的效果，所以人们总把北欧风格与"极简"相提并论。但实际上，北欧风格绝不是为了极简而极简。北欧风格不排斥装饰，北欧风格中，自然风格的装饰并不少。只要装饰简约实用，需要的就留下，不需要的就去掉，保持事物最本真的面目，就能复刻北欧人最朴素的生活方式。

第 2 节

北欧风格有哪些实践

一、高级感和生活感如何取舍

北欧风格迎合了人们当下对家的定义——暖烘烘、亮堂堂，住起来温馨舒适。但实际操作下来后，再对比方案的最初设计，会感受到不小的差距——要么不够高级，要么不够有生活感，有的甚至偏离了风格，很难归类到北欧风格中。

为了避免这种情况的发生，在装修之前，我们要对高级感、生活感的概念有所了解。

高级感不允许所有居家物品密密麻麻地挤在一个狭小的空间里，而生活感则需要更多的物品在触手可及的地方，这两者本就是有冲突的。辛苦打造出来的空间，很可能因为一些比较接地气的生活杂物而瞬间"破功"，失去原有的质感。因此，高级感需要精心维护，然而大多数普通家庭是没有意愿或精力去收纳好各种生活用品的。

再者，选择装修成北欧风格的大都是小户型，其承载需求的密度要远远大于大户型，因此小户型的设计一般更重视营造温馨的感觉。但事实上，很多有高级感的案例基本都是 100 m² 内居住人数不超过一人，最多两人，甚至很多户型面积在 300 m² 左右，也不乏 500 ～ 800 m² 的，只有这样，呈现出来的效果才比较完美。小空间在呈现高级感方面的难度比较大。

另外，高级感的塑造需要花费高昂的成本，而且这种成本往往是隐性的，非专业人员通常看不出来。有不少人会觉得北欧风格简约的外表下装修肯定不需要花费太多钱，实际上，看起来简单的东西有时反而需要用更复杂的工艺和更昂贵的材料打造。

前面提过，"只有一部分人需要风格，这部分人有强烈的信念和充足的财力足以打造一个完整风格化的家，并且非该风格不要"。因此，人们在生活感和高级感之间进行取舍时，应当先了解两者的概念，再综合考量自己的收纳意愿、户型和成本预算等因素，从而选择适合自己的风格。

二、北欧风格案例分析

在本章最开始的时候，我们已经用一张图对北欧风格进行了简单的概括。本节将带入更多实例，进一步分析北欧风格的特点。

【案例 1】简洁客厅（图 2-73）

①简洁的造型中有直线，亦有很多曲线，如单人沙发的靠背曲线和角几的圆以及茶几的圆边。

②颜色上简单却不沉寂，有深红色的茶几，灰绿色的单人沙发，肉粉色的多人沙发和靠包，蓝色线条的地毯等，其余的颜色以奶油白为主。

③材质上包括地板和单人沙发基座的原木，以及玻璃（玻璃书柜）、石材（角几）、植物（干花）等。

图 2-73　简洁客厅

【案例 2】餐厨一体空间（图 2-74）

①线条很爽朗，各种直线分明，如吧台、矮柜和餐椅。

②白色墙面和木色顶面形成对比，地面的水泥灰看似不起眼，却和吧台、瓶罐陈设相呼应。

③极佳的采光。

图 2-74　餐厨一体空间

【案例3】蓝色客厅（图2-75）

①蓝色和深邃绿色体现了北欧风格空间颜色的主线，竖纹图案更能加强空间的层次感（花瓶和沙发墙面）。

②材质上，不锈钢（餐椅）、石材（地面和餐桌）、烤漆板（电视柜和橱柜）与铜饰（餐桌灯）、烤漆玻璃（茶几）相结合，体现了北欧风格空间中材质丰富多样的特性。

图2-75 蓝色客厅

【案例 4】采光良好的大客厅（图 2-76）

①空间采光极佳，窗户上方是弧线设计。

②室内摆放了大量的植物，如龟背竹、剑兰、平安树。

③材质上有玻璃、石材（茶几）、金属（花架）、藤编（收纳筐）、陶（花盆）、玻璃（花瓶）、原木（地板）。

④颜色有白灰色（墙、沙发）、绿色（油画、植物、花瓶摆件）、红褐色（地毯）、原木色（地板）。

图 2-76　采光良好的大客厅

【案例 5】 白色与木色搭配的温馨空间（图 2-77）

①图 2-77 中有明显北欧风格特点的是家具，如单人沙发（熊椅和蛋椅）、经典的吊臂灯。

②颜色上采用白色（墙面）、木色（地面、角几、编织筐）、灰色（多人沙发、地毯）、褐色（窗帘、沙发毯子）的搭配，并用各种条纹的抱枕作点缀。

图 2-77　白色与木色搭配的温馨空间

第 3 章

日式风格

为什么图 3-1 一看就知道是典型的日式风格？有以下几点原因：

图 3-1　典型的日式风格室内设计

①颜色：低彩度颜色与亚光质感搭配，如电视墙和沙发抱枕的水泥灰，吊顶和沙发上方部分柜体的白色，以及大量的木色等。

②材质：木质占了很大比例，如吊顶的木饰面、推拉门的栅格和柜体、沙发基座、地面的榻榻米和草垫等。

③造型层面：尽可能简化的线条使空间内部线条明确，没有曲线，规则感分明。

④陈设家具：草编的垫子、藤编的茶几都有明显的日式风格特征，茶具也是木色和白色的，与硬装呼应。

日式装修风格体现了日本美学文化中的"侘寂美学"，其要义是：不完美的，不完整的，粗糙而不规整的，朴素无华且最重要的。日本 *BRUTUS* 杂志专栏作家雷纳德·科伦（Leonard Koren）在介绍"侘寂"的一本书中有一段话可以拿来参考："削减到本质，但不要剥离它的韵，保持它的干净纯洁，但不要剥夺它的生命力。"

这种美学观使得日本家居风格以回归自然本质为主流。于是在日式家居里，很难看到艳丽的颜色，因为日本人追求的美是"侘寂"，他们更喜欢天然的、朴素的、手工的感觉。就像日本人不喜欢抛头露面的处世风格一样，日式家居也给人一种默不作声的和谐之美。

第 1 节

日式风格因何而生

日式风格就是日本人理解的"实用主义"。日式风格的发展与其国家的自然地理、历史文化因素息息相关。日本地处亚洲大陆东部的太平洋上，从汉朝开始就广泛受到中国文化的熏陶，如汉字、汉文、儒学、律令制度等都对日本文化产生了深刻的影响（图3-2）。19世纪60年代后，日本开始明治维新，仿效西方，1945年后，日本向欧美学习的步伐更加坚定。在此期间，德国功能主义被日本大量地学习和模仿。

因此，日本文化兼具东西方的特征，这也反映到日式风格的家居设计上，主要包括三个方面：

其一，和椅、榻榻米等日式家具受到我国古代席地而坐的风俗影响，且在传统日式家居中，许多日式凳、椅、几的尺寸相对低矮（图3-3），这可能与中国初唐时期的坐卧方式有一定的联系。

其二，在唐之后，中国的装饰及家居设计风格依然深刻地影响着日本，如现在家居设计中常见的方格元素，被充分应用在日本的格子门窗、纸栅格拉门等（图3-4）。

图 3-2　日本文化中常出现的形象（古代日本受中国影响较多，因此形象多有相似之处）

图 3-3　日式桌椅等的尺寸相对较矮

图 3-4　日式门窗中常用的栅格元素

其三，明治维新以后，西方的建筑风格、家具以及装饰工艺强势进入日本，特别是德国的包豪斯理念、功能主义等对日本传统风格形成了巨大的冲击。

就整体而言，日式风格是多种风格的融合体，既有源于东方传统习惯的设计，也兼容了西方的设计风格和理念（图3-5）。

日式风格在多重文化的影响下，形成了自己独有的特色，其中"简约"是日式风格的一大要义。日本文化强调的简约可以定义为极致的"禁欲主义"简约，希望使用者忘却物件本身，从内在出发，着眼于日常生活和自我感受。这种忘物而强调自我存在感的理念，使得日本的产品设计能够出现极致的几何化，显得更加素雅冷淡（图3-6）。

图 3-5　日式风格兼容了源于东方传统习惯的设计和西方的设计风格　　图 3-6　日本产品设计的几何化，使之显得更加素雅冷淡

一、日式风格的典型元素（材质、图案和家具）

由于日本自然资源稀缺，日式风格选用的材料较为单一，草、藤、木、竹、纸是日式风格中最常用的材料。因为这些材料生长周期短，又属于天然材料（纸虽是经过加工而成的，但原料是天然材料），所以它们能在保证人们健康的同时节约成本。比如日式风格中的拉门、隔窗、灯罩、灯笼等都由纸和木制作而成，日式榻榻米、蒲垫等都采用草编或藤编制作（图3-7）。

日式风格无论是硬装线条还是家具造型都横平竖直，视觉观感十分清晰利落(图3-8)。

图 3-7　日式风格中应用的材质以天然材料为主　　　图 3-8　日式风格的家具观感非常清晰利落

1. 特色家具

（1）榻榻米。

传统日本房间不设床架，而是铺上榻榻米地垫，晚上只需再铺上床被即可休息，白天则收起被褥，搭配和式桌椅等家具。榻榻米拥有编织的手感及淡淡的自然草香味道，有舒压放松的特殊效果，是日式风格的专属元素之一（图3-9）。榻榻米主要由蔺草制成，有绿色和黄色两种，相较而言绿色的品质更高（图3-10）。如今的日式住宅仍常见独立和室或者开放角落使用榻榻米地垫铺陈地面，可坐可卧。

（2）矮桌。

矮桌常与榻榻米同时出现，配合营造方便的起居空间（图3-11）。

（3）无腿的靠背椅。

比起蒲团，这种靠背椅坐起来更为舒适，如图3-12、图3-13所示。事实上，最原汁原味的无腿靠背椅的靠背是带有鸟居元素的，鸟居是指日本神社附属的类似牌坊的建筑（图3-14）。

图 3-9 榻榻米是典型的日式风
格家居元素

图 3-10 绿色的榻榻米

图 3-11 矮桌与榻榻米搭配使用

图 3-12 日式空间中的无腿靠背椅

图 3-13 无腿靠背椅

图 3-14　鸟居

（4）立柱。

柱梁是建筑的核心，在日本建筑文化中象征着"一家之主"，少了它就无法撑起这个家，而柱子便是营造全宅日式风格的要素（图 3-15）。

（5）千本格子。

千本格子展现了日式空间中有条不紊的那一面，既优雅有禅意，又不失明快简洁。无论是用在拉门上，还是用在橱柜或窗屏上，它都可以呈现简约的线条，涤滤心灵，仿佛所有杂乱经由条理分明的格栅之后都能一一理顺。人们在这样的空间中，能够获得一种特别的宁静与抚慰（图 3-16）。

图 3-15　柱子在日式风格家居中的体现

图 3-16　千本格子在日式空间中的运用

（6）障子。

障子可以分为很多种，主要有障子门和障子窗。木框架和纸组合而成的障子门或障子窗，不仅为空间营造出满满的日式感，其独特的透光性还让室内光影显得柔和、隐约而有层次。此外，轻巧的障子在开阖之间，能让空间显得更加灵活，方便居住者依照需求独立或开放使用（图 3-17）。也有人用玻璃替代传统日式障子纸，同样可以打造日式氛围（图 3-18）。

图 3-17　日式家居中的障子

图 3-18　现代的日式风格可用玻璃替代传统的障子纸

2. 特色饰品类型和布置

（1）浮世绘装饰画。

题材丰富，包括美人、艺伎、风景、花鸟、生活、历史等素材（图 3-19）。

图 3-19　浮世绘装饰画素材多样

（2）招财猫。

色彩鲜艳，体量小巧，是素淡空间的点睛之物（图3-20）。

（3）枯枝或枯木装饰。

自带"侘寂"属性，幼拙、简素而自带野趣，符合日式风格追求自然特性的同时，也与大量的原木基底协调吻合（图3-21）。

（4）和纸装饰。

和纸，一种手工纸，常见于障子和墙面。墙面用的和纸可加入麦秆、花梗、草叶等原料（图3-22），在施工上有手撕拼贴、堆叠、连续拼贴等多种方式（图3-23）。

图 3-20　招财猫

图 3-21　日式家居中常以枯枝或枯木来装饰

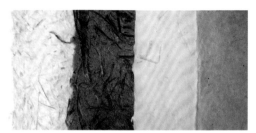

图 3-22　加入了其他原料的和纸

图 3-23　和纸有多种施工方式

3. 特色图案

日式风格空间中常见的图案包括清波花纹、海浪花纹、折扇花纹、锦鲤花纹和碎花花纹等（图 3-24）。

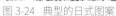

图 3-24　典型的日式图案

二、日式风格的颜色如何选配

1. 白色 + 木色

白色为主色，占整体的 60% ～ 70%，能轻松表现出质朴的印象。

温暖、舒适、和谐，是日式风格的元素特点。白色的明亮与包容性，让其他所有元素的优势都能得以充分发挥；木材的原色与质感则给人以融入大自然之感（图 3-25）。

图 3-25 白色 + 木色

2. 木色 + （低彩度蓝色、绿色）

绿色温馨自然、清爽而又富有活力，蓝色治愈、放松又开阔，能让空间变年轻，两者融入低彩度的灰色后，能够明显降低视觉压力。

其中，木色与低彩度蓝色搭配，在表达张力的同时，又不会超出素洁的范围（图3-26）。木色与低彩度绿色搭配，则让空间显得自然和谐，让居于空间中的人放松而舒适（图 3-27）。

图 3-26　木色＋低彩度蓝色

图 3-27　木色 + 低彩度绿色

3. 深木色 + 浅木色

大面积的地面材料或占比较大的门板，常用浅色或色阶相近的木色做出协调的层次，部分重点区域家具，如餐桌、书柜等会选择深色来稳定空间，传达家居"重心"的概念。通常整体木色的选择不超过三种（图 3-28）。

图 3-28　深木色 + 浅木色

三、日式风格定义的尺寸与空间

　　日本位于亚洲大陆东侧，属于典型的温带气候，四季分明，南北气候差异较大。由于人口密集，日本人均住宅面积较小（图 3-29），且居室都相对低矮，因此日式室内设计更倾向于把产品做得小巧精致，材质及用色也更倾向于统一（图 3-30）。

　　日式风格在家居设计中更注重整体家居环境的营造，强调居室的收纳功能，最大限度地利用空间（图 3-31）。

图 3-29　日本人口密集，居住空间较小

图 3-30　日式居室小巧精致，材质与色调注重统一　　图 3-31　日式居室强调最大限度地利用空间

四、日式风格与北欧风格的异同

日式风格往往容易和北欧风格混淆，实际上两者有很大区别。

日本室内设计中，有很多多功能空间，可以满足多种需求，这种日式简约可定义为一种空间性的功能主义简约。而北欧室内设计中的简约很少体现在硬装上，主要是通过强化家居单品中的人文简约来体现特性。日式风格在单品设计上，除了尺寸较小外，也会同时把用材简约、多功能、可变换、易移动等条件考虑在其中（图 3-32）。

日式风格的空间，一切摆置的目的皆为"轻量无负担"，平衡了现代人纷繁快速的生活状态，让人感受到"在家就贴近自然"的放松，是最佳的身心减压的居所（图 3-33）。无论是天花板、地面、墙壁，还是家具饰品、光源，日式风格空间都那么洁净素雅，贴近自然，轻松无障碍（图 3-34）。

图 3-32　日式单品注重简约、多功能性

图 3-33　日式风格空间贴近自然，让居住者感到放松

图 3-34　日式风格整体给人以素雅、自然、轻松之感

两者的简约都建立在实用之上，且都不代表简单处理，而是将复杂工艺与纯粹的功能集聚在简约的造型上。两者皆重视材质，崇尚自然带来的美感，多使用自然材质，喜好裸露的材质纹理，体现出对环境的友好。

但是，就颜色、材质、体量等方面而言：北欧风格的用色、材质更加活泼而富有童趣，设计多元而丰富；日式风格则更安静而富有禅意，用色和用材都更严谨、低调。在体量上，北欧风格的体量更大，日式风格所看重的空间功能设计并不是北欧风格重点考虑的因素。

两种风格都蕴含着其所处地区的自然、人文烙印，是基于不同环境和社会背景下的历史选择（图 3-35）。

图 3-35　日式风格和北欧风格有相近之处，但它们也各有特点

第 2 节

打造日式风格的具体攻略

一、日式风格的分类

1. 无印良品风格

无印良品风格必备的元素有：木质家具、棉麻和整齐的收纳（图 3-36）。

无印良品风格的家具与软装的色调多为白色和浅木色。若觉得过于简单，可利用植栽、挂画以及一两种跳色的小物来装点空间，既能创造视觉亮点，又不会让整体显得过于杂乱（图 3-37）。

图 3-36　无印良品风格的元素

图 3-37　无印良品风格的居室

材质上，无印良品风格多以木质为主，再搭配棉麻布料，能给人一种温暖舒适的感觉。另外，为追求空间的干净、无杂乱感，整齐的收纳也是相当重要的，如层架、方格柜、展示架、洞洞板等都是实用有质感的收纳选择。轻量式收纳能为空间减少压迫感，能在无形中放大空间面积。

2. 禅式风格

禅式风格必备的元素有：木质、竹子、石材和榻榻米（图 3-38）。

除了上述材质，禅式风格多以木格栅作为轻隔断、推拉门、柜体门，或结合障子纸，使日式风格更加浓厚，同时也保留了私密性，光也变得柔和许多。如果面积够大，也会出现由榻榻米地板铺成的和室，或是以植栽搭配石材打造的庭院。禅式风格平静、朴实的自然感，让人感到十分放松惬意。

图 3-38　禅式风格

3. "侘寂"风格

"侘寂"风格的必备元素有：原始感的墙面、石材、枯木以及陶器（图 3-39）。

"侘寂"风格是典型的日式风格，这种风格通过艺术手段营造出一种情境，能够让人安静下来，体会"简单"的价值。日式"侘寂"风格有几项明显的特征，包括粗糙、低调、不规则，以及接受短暂的美丽和不完美。"侘寂"风格整体色调的饱和度与明度都不高，与其他日式风格（如无印良品风格）差距较大。"侘寂"风格的装修重点在于保留事物的本质与原貌，比如朴素斑驳的墙面、未经打磨的石材，以及不做过多裁切加工的木料等。粗犷又历经风霜的自然姿态，往往能够表现出"侘寂"的本质（图 3-40）。

图 3-39　"侘寂"风格的元素

　　在软装家具上，"侘寂"风格以简单、素雅的款式展现生活质感，也会用单支的花草或枯木取代鲜花来装点空间。若想让人在空间中更加静心沉着，则可摆放陶器、灯饰等器物，营造静谧的氛围。

图 3-40　"侘寂"风格的居室

二、日式风格的应用技巧

1."留白"是首要原则

塑造日式风格时，不要做任何多余的刻画。天花板要尽量留白，仅对管线与梁柱做必要的包覆，不另外做其他装饰，留出简洁面（图 3-41）。灯具也尽量选择简约无框的造型，将空间的视觉感与清新度拉到最高，如白色的吸顶灯、嵌灯等（图 3-42）。

图 3-41 留白

图 3-42 灯具

2. 大面积使用浅色木地板，保持色系一致

除玄关、厨房、卫生间等区域外，空间常用大面积的木质地板，如浅柚木、白橡木、灰橡木等浅色木地板，它们明度较高，轻盈而不厚重，让整体空间更明亮，也与家具陈设风格一致（图 3-43）。

图 3-43 浅色木地板的运用

在日式家居装修中，通常有两种地板可选，分别是实木地板和实木复合地板。实木地板使用天然材质，触感柔和温润，颜色常会随着时间推移而改变，好似和居住者一同成长。实木复合地板除了有实木地板的美观之外，更强化了木材的稳定性，价格也较为便宜。日式空间木地板的选择除了要看色调、板种之外，也要注意厚度需适中，一般厚度为 8~15 mm。最后，还须注意木材表面是否有孔洞与虫眼，同时确保漆面光亮，没有气泡（图 3-44）。

图 3-44 木材表面要光亮平整

3. 在保持空间和谐性的前提下灵活运用材质

材质的自然纹理是日式风格的质感象征，其色彩虽不抢眼，但纹理显著，不同空间可以选用不同材质，以充分发挥其特点。例如：

①浅色的耐磨木地板用于室内（图 3-45）。

②耐落尘、不显脏的板岩砖、水磨石置于玄关（图 3-46）。

③便于清洁的水泥地面用于厨房，好看又实用（图 3-47）。

④"跳色墙"使房间的材质更加多元、有趣，还能与重点家具相呼应，加强室内空间与自然的对话（图 3-48）。

图 3-45　浅色耐磨木地板用于室内

图 3-46　板岩砖、水磨石用于玄关

图 3-47　水泥地面用于厨房

图 3-48　跳色墙用于点缀

三、日式风格案例分析

【案例 1】开放式空间 + 轻隔断（图 3-49）

在不大的开间公寓中，可以尝试用木质格栅取代传统厚实的隔间墙，用木质格栅作为玄关与客厅、客厅与卧室之间的隔屏，让处在空间中段的客厅也能拥有明媚的光感，同时让各个空间具备高度的流动性。

为了保护隐私，还可运用轻柔的白色纱帘，呼应木格栅的温润质感，这样既能充分体现日本文化中的美学，又能顾及视觉上的通透感。

图 3-49　开放式空间 + 轻隔断

【案例 2】留白 + 原木 = 静谧雅致（图 3-50）

在客厅区和阳台间用障子门取代窗帘，营造出如日本茶室的环境。

从客厅、餐厅、厨房至卧室，留白创造出了更开阔的空间视感。

无论是地板、收纳柜，还是餐桌椅，均搭配自然清新的原木素材，就连窗户也通过木边框来提升精致度，增添了空间安定、温暖的氛围。

图 3-50 留白 + 原木 = 静谧雅致

【案例 3】通过自然材质表达日式风格中的质朴（图 3-51）

客厅主墙面特别采用了清水混凝土涂料，突显自然质感。

室内减少封闭式柜体，用木板组成的开放式陈列架承担了大部分收纳功能。

进门玄关处安装了充满手作感的悬挂衣杆，和餐厅立面仅用简单的一列层板共同满足置物需求，营造出日式风格幽静质朴、恬淡内敛的生活禅味。

图 3-51 自然材质表达日式风格的质朴

【案例 4】微调日式经典元素，完美契合生活需求（图 3-52）

将传统下方开口的障子，改成由上往下开口，更适合不下雪的广东，既能让室内与户外连通，又有适当的隐蔽性。

特别定制的固定式沙发串联了客餐厅空间，其造型即使从侧面也能看出不是普通的直线型沙发，而是有着波浪般的造型，为空间增添了活泼的律动感。

图 3-52　微调日式经典元素

【案例 5】开放式空间 + 充沛采光 = 日式美学（图 3-53）

日式风格空间除了具有浓厚的自然气息，还应具备丰沛采光和通风良好的特性。所以大多日式风格的房间采用开放式设计，舍弃多余的隔墙，放大空间，同时引光入室，从而使空间具备明亮感与清爽感。

图 3-53　开放式空间 + 充沛采光 = 日式美学

【案例 6】浅色展现简约日式风格，深色凸显传统和风（图 3-54）

日式风格的室内设计多偏向使用原木色，现代日式简约风格会以浅木色营造明亮的视觉感受，而传统的日式和风则会选择深色木材，如梧桐木、黑胡桃木、桦木、山毛榉木、黑樱桃木、硬枫木、橡木等。

图 3-54　日式风格中浅色与深色的应用

【案例 7】工整有序的装饰呈现日式美学（图 3-55）

日本美学擅长强调结构美，常会用大型的原木搭配不同的墙面与天花板，让这些工整的、大量的、拥有秩序感的设计传递出阵列式的美感。这也是我们在日式住宅内常会看到格栅的原因。

图 3-55　工整有序的装饰呈现日式美学

第4章

Art Deco
风格

图 4-1 中的家居风格是典型的 Art Deco 风格，它的突出特点有以下几点：

图 4-1　Art Deco 风格家居

①材质：Art Deco 风格的核心是混搭，在该案例中出现了较多的材料，如亮光漆、天然木皮、不锈钢、彩色玻璃、银箔、皮毛、石材等。金属、木纹、石材的层叠穿插，突显了 Art Deco 风格的奢华感。

②装饰：多以艺术品作为装饰，如位于沙发角几的佛首以及人像艺术品等。

③色彩：使用的色彩较多，如黑色（地面）、绿色（转角沙发）、青色（抱枕、坐墩）、黄色（灯具）等。

④照明：照明比较突出，本案例中的吊灯像金鲤跃门般旋绕在中空的客厅上方，显得格外有气势。

如果再看得细一些，可以发现其中有极简主义、巴洛克主义的影子，也不乏时尚和艺术品，看似庞杂，放在一起又很和谐，可见混搭是 Art Deco 风格的做法与精神。

Art Deco 风格因何而生

Art Deco 风格满足了人们追求前卫、潮流的心理，在具体呈现上闪耀而不浮夸、复古而不守旧，不会拒绝新技术的加入，游走于古典与现代之间（图 4-2）。它保留了古典传统的造型与线条，但更简洁利落，并被赋予了时尚的面貌。更重要的是，它依然带有奢华的气息，对追求品位的人来说是非常好的选择（图 4-3）。

图 4-2　Art Deco 风格混合了古典与现代

图 4-3　Art Deco 风格具有奢华气息

图 4-4　装饰主义风格诞生于工业社会的进程中

一、Art Deco 风格的演变

Art Deco 风格的名称来自 1925 年在巴黎举办的艺术装饰与现代工业万国博览会，它的演变经历了一个漫长的过程。

Art Deco 风格的前身装饰主义产生于工业社会的进程中，风行于 20 世纪 20 年代至 40 年代。它诞生的大环境要求其设计必须商业化、现代化，追求一种富丽新奇的现代形式，使其既能满足富人阶层的需求与心理，又能形成社会普遍崇尚的审美趣味（图 4-4）。

装饰主义综合了当时许多美学运动的结晶，包括新古典主义、新艺术主义、构成主义、立体主义、现代主义和未来主义等，影响了室内设计、建筑、工艺设计等多个领域（图 4-5）。起初，源于法国的装饰主义，在装饰和造型方面都较为厚重（图 4-6），会使用一些贵重金属及材料；传到美国后，装饰主义开始走向中产阶级。1930 年纽约克莱斯勒大厦建成，它是当时装饰主义美学的代表作。大楼顶部尖塔状的银白色金属装饰，传达了装饰主义风格现代又不失典雅华丽的美学价值（图4-7）。

装饰主义一度十分流行，传遍了世界各地，包括 20 世纪 30 年代的上海，当年留下的和平饭店（图 4-8）就是装饰主义美学的代表作。后来装饰主义逐渐没落，

图 4-5　早期的装饰主义风格空间及元素

图 4-6　早期法国的装饰主义风格较为厚重

图 4-7　克莱斯勒大厦顶部的银白色金属装饰体现了装饰主义风格

直至 20 世纪 70 年代随着后现代主义的兴起才再次获得重视。如今在现代极简主义风格（图 4-9）风行了十几年之后，有些人对它感到了厌倦，于是新装饰主义风格（也就是 New Art Deco 风格，在本书中简称为"Art Deco 风格"，其前身称为"装饰主义"，以示区别）应运而生。

　　东西方文化的频繁交流，也影响了美学风格的发展。Art Deco 风格美学的重要特色即混搭，可以将不同地区、年代、风格的东西熔于一炉（图 4-10）。

图 4-8　20 世纪 30 年代上海和平饭店的绿色尖顶

图 4-9　极简主义风格

图 4-10　Art Deco 风格

二、Art Deco 风格的典型元素（材质、图案和家具）

在 Art Deco 风格设计中，各种时尚图案和更新的传统语汇与空间结合在一起，发展出了一套独特的美学体系。可以这么说，Art Deco 风格通过把古典语汇几何化、图像化、对比化、节奏化，并采用跨界的方式，从时尚界、艺术界、建筑界、文化界等吸取养分，在生活中发掘灵感，丰富其各个方面（图 4-11）。

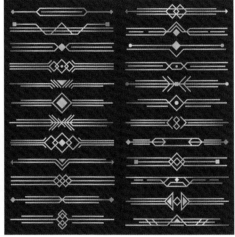

图 4-11 Art Deco 风格使用的诸多元素

1. 特色装饰

没有艺术品就不叫 Art Deco 风格。因此，运用艺术品，让艺术不只是空间的配角，可以更进一步凝聚出 Art Deco 风格空间的灵魂与生命（图 4-12）。

图 4-12 Art Deco 风格喜欢使用艺术品

2. 特色材质

Art Deco 风格运用大胆新潮的时装手法来设计家具家饰，以高级定制的概念为用户量身定制（图 4-13）。

图 4-13　Art Deco 风格家具

在进行 Art Deco 风格的装饰时，应在室内饰以豪华的高光饰面，如大理石、水晶和玻璃，或者使用大量镜子、镀金金属、黄铜等，镜面可以反复"复制"空间中的各种元素。另外，漆面和抛光的木材（主要是深色、高光泽度的漆木，如胡桃木、乌木等）是 Art Deco 风格的必备元素（图 4-14）。

图 4-14　漆面和抛光的木材是 Art Deco 风格的必备元素

3. 特色工艺

镶嵌是 Art Deco 风格内饰的主要形式，是指将木材、金属或者其他材质与金属片结合用作饰面板，在家具上添加装饰细节。这种工艺为 Art Deco 风格增加了奢华感，同时秉承了线性对称的装饰艺术设计原则（图 4-15）。

图 4-15　Art Deco 风格使用的特色工艺

4. 特色线条和图案

在 Art Deco 风格中，直线和几何形状等鲜明的图案占据了主导地位。常见的线条和图案有阳光放射型、闪电型、曲折型、重叠箭头型、星星闪烁型和埃及金字塔型等（图4-16、图 4-17）。与之相应的是，这些线条和图案强调了鲜艳的色彩、精美的材料和专业的工艺。

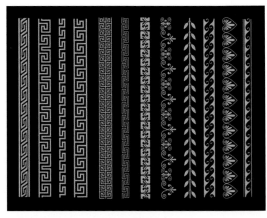

图 4-16　Art Deco 风格使用的线条

图 4-17　Art Deco 风格使用的多种图案

图 4-18　Art Deco 风格洗手间的配色

三、Art Deco 风格的颜色如何选配

　　Art Deco 风格的配色核心是金色，与金色相匹配的颜色都是不错的选择，比如饱和度较高的红色和适当降低明度的蓝色以及黑色等。配色的关键就是低明度，明度超低的黑色和金色的对比感十分强烈，在此基础上可以根据实际需要调高饱和度。以此为基础，青色、绿色都是可参照的选择（图 4-18 ～图 4-20）。

图 4-19　Art Deco 风格各空间的配色及多种图案的使用

图 4-20　典型的 Art Deco 风格客厅的配色

四、Art Deco 风格与古典主义风格的区别

在古代，庄园、城堡、大院是富人展现其精致顶层生活美学的所在（图 4-21）；而在现代，精致生活则常在城市豪宅平层、别墅（图 4-22）中体现。

正如前面所说，如今 Art Deco 风格兴起成为时尚，特别是随着中国经济的发展，有条件追求奢华风格的人越来越多，其居所的美学风格与规格逐渐跻身世界一流水平。身处这个波澜壮阔的时代，见证这波尖端住宅风潮，无疑 Art Deco 风格在某些方面证明了现代美学价值（图 4-23）。

但 Art Deco 风格刚起步的时候，首先接纳且崇尚的是金碧辉煌的古典主义风格（图 4-24），这种风格一旦把握不好便容易下沉而变得艳俗。随着人们审美品位越来越高，想为豪宅装修的人们为了显示自己的独特性，又要求华美到极致，且要摒除穷奢极侈的庸俗，还要给人带来感官的震撼，Art Deco 风格美学便成了最合适的选择（图 4-25）。

图 4-21 古代的庄园

图 4-22 现代的别墅

图 4-23 Art Deco 风格所表现的美学

图 4-24　Art Deco 风格刚
　　　　起步时倾向于金
　　　　碧辉煌的古典主
　　　　义风格

图 4-25　摒除了穷奢极侈
　　　　的 Art Deco 风格

Art Deco 风格美学的造型与古典主义相比多了些许轻盈，几何图案不强调对称，而放射状的线条、不断重复的几何图案、艳丽的色彩、异国的情调，加上开始采用当时批量生产的塑料、玻璃等材质，使其更具有现代气息（图 4-26）。

可以说，Art Deco 风格融入了新概念、新材质、新工艺，有别于传统装饰主义的穷其华丽，更重视实用、典雅与品位。它常采用亮光漆、天然木皮或科技木、不锈钢、彩色玻璃、银箔、皮毛等，装饰混搭的艺术品和饰品，地域性较为强烈，例如中国瓷器、东南亚棉麻、非洲原始艺术雕饰、欧洲古典主义家饰等。从近年的米兰国际家具展会也可以感受到这股国际设计美学的风向——Art Deco 家居风格大行其道，虽然基调较以往简约，却更加丰富多元，现代简约家具的混入让其变化更多。另外，Art Deco 风格还搭配了高彩度的色彩，在空间采用不同材质、不同风格的混合搭配以及多元配件的布置方法（图 4-27、图 4-28）。

图 4-26　Art Deco 风格更具现代气息

图 4-27　传统 Art Deco 风格

图 4-28　新的 Art Deco 风格

五、Art Deco 风格与东方风格的区别

近几年设计界掀起一股东方热，从时尚界的 T 台到顶级餐饮酒店设计，再到家居设计，都纷纷用东方图案或者材质创作，例如龙、虎、竹等象征以及刺绣、东方花卉、剪纸艺术等元素。东方文化与艺术显然为 Art Deco 风格带来了活力，也代表了东方世界的经济实力和发展潜力越来越被重视（图 4-29）。

不过，面对当下的现代生活，有些古老的元素已显得有些陈旧甚至不合时宜，需要被改造或撷取其他元素做适度融入。这些年

图 4-29　东方文化与艺术

来许多设计师都在为东方风格的当代设计而努力，且颇有斩获，比如有些品牌在制作中国系列家具时采用了东方元素，颇具神韵。

说到东方风格，就要提到邱德光老师，作为东方风格的拓路者，他在应用和发挥上相当重视整体文化与艺术气质的展现（图4-30）。在表现东方风格时，邱德光老师体现了三项原则：转化、气韵和创新。比如原来镂刻雕花的现代家具，迭代为现代极简家具，同时面料、造型也作了简化，并搭配现代材料如玻璃、不锈钢等，减轻了传统中式家具中的厚重凝滞感，将雕花图文转化到地毯上，甚至在不使用传统素材的情况下，仅以色彩线条来形塑东方意境（图4-31）。

图4-30 邱德光打造的东方风格作品

图 4-31　结合 Art Deco 风格打造的东方风格家居

邱德光老师尝试用前卫的混搭手法，去表现当代东方的艺术生活样貌。把古典、现代、当代等不同时期的艺术潮流合为一体，创造出一种戏剧性的时尚美学观。由于掌握了正确的比例原则，不但不会显得突兀，反而创造了鲜明的空间印象，具有装置艺术的概念与趣味（图4-32、图4-33）。比如，邱德光老师以现代设计手法表现老上海，在完全没有使用古董家具的情况下，混合运用了中国传统元素和 Art Deco 风格，打造出具有中国古代悬檐形制的现代感椅子，通过用不锈钢切割出的几何感摩登主灯，以及有着如爵士乐般韵律感的沙发、地毯图纹设计，展现出了新时代的东方风华（图4-34、图4-35）。

图 4-32 混搭手法表现当代东方的艺术生活样貌（1）

图 4-33　混搭手法表现当代东方的艺术生活样貌（2）

图 4-34 新时代的东方艺术家居（1）

图 4-35　新时代的东方艺术家居（2）

打造 Art Deco 风格的具体攻略

一、Art Deco 风格对材质的运用

对于如何打造 Art Deco 风格有一种非常现代的理解：Art Deco 风格由高光泽的金属，黑色漆线，各种木料、皮革和镜子，以及锯齿（模仿电流和体现现代爵士乐的本质）和锐利的立体形状组成（图 4-36）。

高光泽的金属可以在白天将更多的光线带入室内，在夜间也能借由折射和反射营造出更好的光感（图 4-37）。

图 4-36 Art Deco 风格中的多种材质与元素

图 4-37　Art Deco 风格使用金属来营造光感

Art Deco 风格通过漆器、玻璃、镜子和镀铬制品来突显空间质感（图 4-38）。许多 Art Deco 风格的织物也具有反射性，甚至可在一面或全部墙壁的面层添加一层透明的清漆，以得到明显的光泽。正确的照明可以使所有这些材料发光（图 4-39）。

图 4-38　Art Deco 风格通过材质打造空间质感

图 4-39　Art Deco 风格空间通过照明可以使空间所有材料发光

1. 混合材料

玻璃、镜子、镀铬、不锈钢以及异国情调的木材都可以在 Art Deco 风格的房间里看到，这些元素时刻体现着 Art Deco 风格的奢华感。由镀铬、不锈钢等修饰的饰面板边缘可以使混合材料的外观更加立体。另外，原始的装饰艺术设计还会采用异国情调的动物皮、大理石和乌木等（图 4-40）。

图 4-40　Art Deco 风格使用的材料

2. 大胆的材质

　　Art Deco 风格具有微妙的女性气质，但插花是 Art Deco 风格的禁忌。大胆的几何图形和纯色常用于窗户和家具。异国情调的动物皮可以用在脚凳和枕头等较小的家具饰物上（图 4-41）。

图 4-41 部分特殊面料用于较小的家具
　　　　饰物

3. 真丝、天鹅绒和皮革

这类面料经过处理后，能够很好地展现 Art Deco 风格的奢华感。若这些面料不在预算之内，那么使用深色、丰富色彩的混纺和人造皮革也可以获得相同的效果（图 4-42）。

图 4-42 部分面料可使用人造皮革以减
　　　　少预算

二、Art Deco 风格对空间的诉求

Art Deco 风格包含了各种线条，以及不同的陈列方式，其所涉及的家具、器皿、陈设品、艺术品都需要宽阔的空间来展现，各种深色和金色的对比也在视觉上拢缩空间，因此 Art Deco 风格的空间越大越好，适合类似庄园、大院、大平层、独栋别墅等建筑类型（图 4-43、图 4-44）。而随着空间功能的细分，Art Deco 风格将进一步强化其观赏功能属性。

图 4-43　Art Deco 风格适用于较大空间

图 4-44　大空间比小户型更适合使用 Art Deco 风格

三、Art Deco 风格的采光与照明

　　Art Deco 风格很难被忽视的一点就是采光和照明，因此大的落地窗对于 Art Deco 风格空间来说必不可少。由于建筑的形式、地理位置不同，对采光的要求也不同（图 4-45）。

　　灯光布置上遵循的原则是：光源越多越通透。一般多使用线条大胆而简单的枝形水晶吊灯、台灯和落地灯等，这些灯具很多是用玻璃和镀铬金属制成的，并刻有图案或用珐琅点缀，从而提供更多细节。在各种灯光下才能更好地突显艺术品（图 4-46）。

图 4-45　采光与照明对 Art Deco 风格来说很重要

图 4-46 Art Deco 风格注重灯光的效果

四、Art Deco 风格的应用技巧与案例

Art Deco 风格利用几何形状、颜色和纹理等共同营造出生动而精致的空间外观。

由于 Art Deco 风格中应用了较多的深色，尤其在墙面，因此更要讲究颜色的匹配性，比如深蓝色、绿色、紫色、红色、粉红色和黄色等可以与黑色、铬色和金色混合的颜色（图4-47）。

图 4-47 Art Deco 风格讲究颜色的匹配性

如果是一个很大的开放式空间，但是天花板较低，那么墙壁最好是暗色的，但天花板要保持明亮（图 4-48）；如果天花板很高，也可以尝试使用较暗的天花板（图 4-49）。

图 4-48　天花板较低时要保持明亮

就个人设计经验而言，天花板至少要比墙面浅两个色号，才能使空间看起来比较舒服。因为自然光会从墙壁上反射，而不是从天花板反射。因此一般情况下，天花板在自然光下表现出的色感偏暗（图 4-50）。

图 4-49　天花板很高时可以尝试较暗的色彩

图 4-50 天花板在自然光下表现出的颜色偏暗

图 4-51 Art Deco 风格空间可将一两个墙面设计成全黑

若没准备好使用全黑的墙壁，可以仅将客厅中一两个装饰性墙壁涂成深色调，或用 Art Deco 风格的墙纸、布帘进行遮盖，以使空间中的颜色更加生动（图 4-51）。

如果墙壁和天花板都是深色的，那必须得采用浅色地面来形成对比（图 4-52）。实际上 Art Deco 风格空间中也有很多线条明晰、色块对比明显的地板（图 4-53）。

此外，阶梯式设计也很受欢迎，尤其是在家具中，它们模仿了摩天大楼的轮廓（图 4-54）。比如高光泽度的浴室中，摩天大厦轮廓般的黑色线条突出了 Art Deco 风格（图 4-55）。

图 4-52　深色天花板与浅色地面形成对比

图 4-53　Art Deco 风格的地板强调线条明晰或
　　　　 色块对比

图 4-54　Art Deco 风格的阶梯式设计

图 4-55　黑色线条突出了 Art Deco 风格

家具方面，线条爽朗的家具有利于保持其干净、简单的形式，不会令其显得过分拥挤（图4-56）。若预算紧张，可以尝试在现有桌子上放一面镜子或镜子托盘，以增加闪光感。Art Deco 风格的空间中常见的饰品是黄铜推车（图4-57）。

图 4-56　Art Deco 风格的家具线条爽朗　　图 4-57　黄铜推车

第 **5** 章

现代风格

图 5-1 是典型的现代风格家居，它的突出特点有以下几点：

图 5-1　现代风格室内设计案例

①造型：所有材料的造型都保持了点、线、面的几何结构，如顶面的黑色栅格（图5-2），图片右侧地面和墙面连贯的石材，如屏风一般的竖向隔断，以及餐厅的吊灯等。此外，吧台、餐桌都是明确的几何矩形，茶几是圆形，墙面也有明显的竖向线条。

②颜色：以黑白灰为主，如灰色的石材，黑色的不锈钢板，地面黑色的皮纹砖，客餐厅灰色的石纹地砖，以及灰色的沙发、白色的顶面等。无论材质如何变化，颜色始终在三者之间转换。

③材料：材质之间应用了串联的方式，如黑色不锈钢和黑色木质栅格的串联（图5-3）。

图 5-2　黑色栅格

图 5-3　材质之间的串联衔接

现代风格因何而生

20 世纪 20 年代，欧洲因受战争影响，经济状况不佳。这种情况也反映在了设计上，日用品要求朴实美观，反对无谓的花哨。那么建筑师又该怎样适应这一新形势呢？

在建筑创作上，建筑师们不得不讲求实效，禁止浮夸，从而抑制了古典建筑手法的蔓延。奥地利建筑师阿道夫·路斯（Adolf Loos）在《装饰和罪恶》（*Ornament and Crime*）一书中，提出新建筑应实事求是地去掉无谓的浮饰，把人类从烦琐的装饰中解放出来。1910年他设计的住宅墙面平整光滑，没有突出的柱式或线脚，窗子用大片玻璃，并且不加窗框，干净利落，与传统的古典建筑形成鲜明对比，开一代新风（图 5-4）。

图 5-4　奥地利建筑师阿道夫·路斯的设计作品

与路斯同时期的德国建筑师彼得·贝伦斯（Peter Behrens），早年从事图案设计，后来转向建筑设计，他第一次把工业厂房的设计升华到艺术层面，1908 年他为德国通用电气公司（AEG）设计的汽轮机制造车间开创了工业建筑的新时代（图 5-5、图 5-6）。贝伦斯对新建筑运动的推进影响很大，人们公认的几位现代主义建筑大师，勒·柯布西耶（Le Corbusier）、瓦尔特·格罗皮乌斯（Walter Gropius）和路德维希·密斯·凡·德·罗（Ludwig Mies Van der Rohe）等都曾在他的事务所做过他的助手。在贝伦斯的指导下，柯布西耶懂得了新艺术的科技根源，路德维希·密斯·凡·德·罗继承了严谨的思维和对典雅美的追求，格罗皮乌斯则体会到了工业化的深远意义。

图 5-5　德国建筑师彼得·贝伦斯设计的工业厂房外观

图 5-6　德国建筑师彼得·贝伦斯设计的工业厂房内部

此外，主张工业与艺术结合的包豪斯（Bauhaus）大学应运而生（图5-7）。格罗皮乌斯是首任校长，他特别注重对新材料、新艺术的认识与实践等方面的教育。不过，成立于1919年的包豪斯大学于1933年7月解散。1953年，毕业于包豪斯大学的马克斯·比尔（Max Bill）创办了乌尔姆设计学院，将包豪斯的理念传承了下来，而这所学校培养的学生则成了后来西方设计界的中坚力量。

严格来讲，包豪斯并不算一种风格，而是该学院的老师和学生在试图找出一种普适的标准来定义和称谓其造型设计时创造出来的建筑形式，从而将设计规范化，打破艺术和工艺之间的界限。艺术不可以传授，但工艺可以通过教育实现。

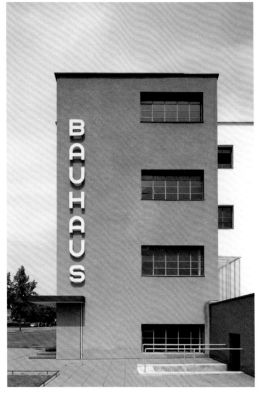

图 5-7　包豪斯大学

包豪斯在当时的背景下，突破旧的传统，创造新的建筑，反对多余的装饰，崇尚合理的构成工艺，尊重材料性能，重视建筑自身的结构美。此后，包豪斯这种设计理念在美国发展壮大，形成了造型简洁、功能合理、布局以不对称的几何形态为特点的建筑设计风格，由此波及了室内设计领域，形成了现代风格（图 5-8）。

图 5-8 现代风格的室内设计

一、现代风格的典型元素（材质、图案和家具）

现代风格多以点、线、面的几何结构来代替繁复的造型，空间材质和色彩化身为形态各异的色块点缀其中，彰显刚劲、严谨、理性、简洁的现代气息（图 5-9）。

图 5-9 现代风格空间彰显理性、简洁的气息

1. 几何结构

现代风格的家居，除了方正空间本身所体现的横平竖直，还会在空间中加入线形、弧形、圆形等几何结构，令其拥有无限张力和造型感，同时体现现代风格创新、个性的理念（图 5-10）。

图 5-10 现代风格空间中的几何结构

2. 点、线、面组合

它在现代风格空间中的应用十分广泛，不仅在平面构成上，在立体构成和色彩构成中也处处体现着点、线、面的关系。需要注意的是，线需要点来点缀，才能灵活多变。直线、斜线、弧形、圆角等几何元素，可以运用拼贴、拆解、对比、整合与串联等方式呈现，甚至运用不同材质进行搭配（图 5-11、图 5-12）。

线条是现代风格的架构。塑造现代风格前，一定要将空间线条重新整理，整合空间中的垂直线条，彰显对称和平衡，让视觉可以不受阻碍地在空间中延伸（图 5-13）。

图 5-11　现代风格客厅中的点、线、面组合　　　图 5-12　现代风格厨房中的点、线、面组合

图 5-13　现代风格一体式空间的线条非常流畅

3. 材料

现代风格主要使用的材料，不仅有常规的石材、木材等，还有玻璃、不锈钢、亚克力等新材料（图 5-14）。

不锈钢由于其镜面反射的特性，可与周围环境中的各种色彩交相辉映，在灯光下更凸显反射效果，对空间有明显的强化烘托作用。但要注意的是，不锈钢金属表面冷硬，不适合在家居中大面积应用，在造型及家具中稍做点缀，即可突出现代风格的新颖与大胆（图 5-15）。

图 5-14　现代风格常使用的材料

图 5-15　现代风格可用金属表面突出新颖与大胆

玻璃材质让人有空灵、明朗、透彻的感觉，也是展现现代风格的重要一环。在该特性上叠加不同的颜色，能带来更多的变化，如黑色玻璃的冷酷、咖色玻璃的富贵、白色玻璃的清淡等（图 5-16）。

现代风格由于黑、白、灰的色彩搭配，显得颇为冷淡，这时就需要加一点层次感，于是无色系的石材便派上了用场。石材上清晰的花纹在视觉上有更多的对比感，其无序的状态又正好在黑、白、灰的框架之中，具有独特魅力（图 5-17）。

图 5-16　现代风格善用玻璃材质　　　图 5-17　现代风格空间中的石材

4. 家具

除了应用造型、材料、色彩等营造现代风格外，还有重要的一环，就是家具，比如圆形或不规则多边形的茶几、边几等（图 5-18）。可以说，家具是体现现代风格最便捷快速的方式。

图 5-18　现代风格空间中的家具

二、现代风格的颜色如何选配

现代风格张扬个性，凸显自我，追求鲜明的效果反差，体现的是工业时代的艺术感。其风格的显著特点是材料、质地、色彩的对比。颜色搭配上分为两类：一种是以无色系中的黑、白、灰为主色，三色中至少出现两种；另一种是具有对比效果的色彩。

1. 无色系

若追求冷酷的个性，黑、白、灰的应用会更淋漓尽致。可以根据自己的喜好或居室的面积，选择其中一种作为主色，另外两种搭配使用。日常多见的是以灰色和白色为主色（图 5-19、图 5-20），也有以黑色为主色的搭配（图 5-21），不过相对比较少。用灰、白和木色搭配，能为空间增添温暖的氛围，因此这种组合方式使用得比较多。具体方法为，以无色系的白色或灰色为空间主色调，再在地面材质或家具上使用木色，形成温暖的空间氛围（图 5-22）。

图 5-19　以灰色为主色的现代风格空间

图 5-20　以白色为主色的现代风格空间

图 5-21 以黑色为主色的现代风格空间

图 5-22　以白色、灰色为主色调，搭配木色

2. 对比色彩

　　首先是双色对比。可以无色系黑、白、灰中一种颜色与其他色彩搭配，比如灰色与棕色（图 5-23）、白色与蓝色（图 5-24），也可以其他色彩直接成对搭配，比如曙光青与黄铜色（图 5-25）。

图 5-23　灰色与棕色对比的搭配

图 5-24　白色与蓝色对比的搭配

图 5-25　曙光青与黄铜色对比的搭配

其次是多色相对比。这样的对比搭配组合大致有两种，即黑、白、灰与金色或银色搭配（图 5-26、图 5-27），黑、白、灰与高纯度彩色搭配（图 5-28、图 5-29）。用无色系进行调节，是现代风格中最活泼开放的空间配色方式，配合高亮材质，更显时尚。值得一提的是，如果是在讲究自然的现代风格空间中，可以适当使用蓝色或绿色，这样可以增添自然的气息，让人想到蓝天、森林等，为空间带来舒适的氛围（图 5-30、图 5-31）。

图 5-26　黑、白、灰与金色或银色搭配（1）

图 5-27　黑、白、灰与金色或银色搭配（2）

图 5-28　黑、白、灰与高纯度彩色搭配（1）

图 5-29　黑、白、灰与高纯度彩色搭配（2）

图 5-30　使用蓝色可增添自然气息

图 5-31 使用绿色为空间增添自然气息

三、如何避免简约现代风格装修成"简陋现代风格"

总体而言，要避免简约现代风格装修成简陋现代风格，要注意以下几点：

①墙面不能空，要有层次感，但也不能堆满装饰，那就失去了现代风格利落的本质了。要尽量避免白色的灯光和墙面。

②通过基础美学原理让空间及空间陈设有规律可循，比如长方形比正方形、圆形在非巨型空间中有更好的表现。

③过于成熟或者市面上泛滥的家具陈设可以有，但不要太多，容易被人"明码标价"。

④颜色上要有灰度，同时色差不要太大，这样既可以增加层次感，还显得高级。

那么，为什么要注意这些方面呢？其实换一个角度想想，如果能够了解什么样的简约会产生简陋感，就能知道怎样避免了。

你所看到的简约就像"卖家秀"（图5-32、图5-33），而装修后则是"买家秀"（图5-34），这两组图大致可以代表当前室内设计对简约理解和呈现的情况：第一组画面相当空旷，甚至没有什么陈设品，看着却毫不穷酸，还隐隐显露出高级感；第二组图里的家居陈设一个不缺，植物、挂画、摆件样样都有，却难见简约感。如果再仔细看，会发现第二组图中有相当多的网络爆款、热卖品，人们对这些物品过于熟悉，甚至可以一眼识破。当然，如果搭配使用得当，这些物品一样可以营造出良好的家居氛围，但就一般情况来说，大量网络爆款容易拉低装修的品质。

图 5-32　高级感的现代简约风格空间（1）

图 5-33　高级感的现代简约风格空间（2）

图 5-34　似是而非的"现代简约"空间

说到底，很多人对简约的真谛并不理解。都知道"简约不简单"，但这句话基本是无用的套话，"不简单"在哪，其实从业者也未必能说得出来。

事实上，简约与简陋的区别在于：简约是功能性、便利性一个不少，还多了美观性；简陋则是牺牲了功能性和便利性。有一点原则是，在满足生活舒适度的前提下，展现的东西要尽可能少，空间要尽可能方正。如图 5-33、图 5-34，将上面所述代入一下，先对比一下两者空间中物品的数量，再看看色彩的统一性，最后感受一下空间的方正感，就可以体会出差别了。

简约的第二层是未来。"未来"有个好理解的方向，即经典，经典永不过时。有十种艺术手法是无数经典的延伸源头，即反复（Repetition）、渐层（Gradation）、对称（Symmetry）、均衡（Balance）、调和（Harmony）、对比（Contrast）、比例（Proportion）、节奏或律动（Rhythm）、统一或统调（Unity）、简约或单纯（Simplicity）。

①反复（图 5-35），又称为"连续"，是指将同样的形状或色彩重复安排放置。这些形状或色彩的性质全无改变，仅是量的增加，因此彼此之间并无主从关系，给人以单纯、规律的感受，比如希腊神殿中以同等间隔安排的柱子。在造型与视觉艺术上，单一图案或形体上下左右地进行重复，空间会给人一种有秩序的感觉，比如墙面装饰中同一质料与色泽的瓷砖拼贴，就是运用此形式的例子。

图 5-35　反复

②渐层（图 5-36），又称为"渐变"，是指将构成元素的形状、材质或色彩按一定次序层层变化。比如同一种形状的渐大或渐小、同一种色彩的渐浓或渐淡、空间或

距离的渐远或渐近、光线的渐明或渐暗，均属于渐层的形式变化。渐变的基本原理与反复相类似，但由于其中形或色的渐次改变，予人生动轻快的感受。中国建筑中的宝塔、乐曲中音量的渐强、渐弱等，都是渐层形式的例子。

图 5-36　渐层

　　③对称（图5-37），是所有形式原理中最为常见且最为安定的一种形式，能予人平和、庄重的感受，虽然较易失之于单调，但对于人的情感颇具稳定作用。对称分为点对称、轴对称两种，前者是指以一点为中心做回转排列时所形成的放射状对称图形，后者是指在画面中设立一条轴线，两边分别放置完全相同的形体所形成的对称形式。

图 5-37　地面通过灰色石材作为中线，让餐厅和客厅黑色地面形成对称

④均衡（图5-38），又称为"平衡"，是指在画面中的假想轴两旁，分别放置形态相同或不相同，但质量却均等的物体。如此一来，在视觉的感受上，并不相同的两物由于质量均等，仍然产生均衡的感觉。对称必定均衡，但均衡不同于对称。两者相较之下，均衡具有弹性变化，易予人活泼、优美而动态的感觉。

图 5-38　均衡

⑤调和（图5-39），是指将性质相似的事物并置一处的安排方式。这些事物虽然并非完全相同，但由于差距微小，给人融洽相合的感觉。就形状而言，有形状的调和组；以色彩来看，有调和色的搭配。调和的形式中，由于构成物的性质互相类似而差别不大，因此变化也较小，易给人协调、愉悦的感受。在室内布置上，也常以此种形式进行设计，以使视觉环境免生突兀之感。

图 5-39　调和

⑥对比（图 5-40），又称为"对照"，其安排方式与调和相反，是将两种性质完全相反的构成要素并置一处，试图达到两者之间互相抗衡的紧张状态。形状、色彩、质感、方向、光线、声音、力度、速度等，均可形成或大或小、或浓或淡、或粗或细、或快或慢、或明或暗的对比效果。对比的意义在于突显两者或两者以上元素之间的不同，或是区分群己、强调宾主的关系，比如"万绿丛中一点红"就是一个视觉对比的例子。

图 5-40　对比

⑦比例（图 5-41），造型艺术上的比例有两种：一是一个物体内各部位的相对视觉比例；二是整体构图形态内各物体间的相对视觉比例，也就是同一画面中不同部分之间的关系。比例的形式不仅符合对称、均衡、调和、渐层等涉及整体性的稳定与平衡原理，也反映出远近、大小、高低、宽窄、厚薄等个体与整体的相对关系。美术发展史上，比例是常被应用的一种形式，比如著名的黄金分割比例。

图 5-41　比例

⑧节奏或律动（图 5-42），是大自然中的一种基本现象，比如四季的循环、每天的日升日落、每月的潮汐变化，甚至宇宙星体的运行，都具有一定的规律。节奏或律动可以将画面中的构成元素通过形状、色彩、线条的周期性的交替错综变化，带来抑扬的感觉，同时又有和谐、统一的美感，因此在视觉上产生波动的运动感，随即引发心理上或轻快、或激昂、或缓慢、或跳跃的情绪。

图 5-42 节奏

⑨统一或统调（图 5-43），是指在复杂的画面中寻找各部分的共通点，以此来统合画面，使其不至于散漫无章。具有变化性的作品，视觉效果必定较为丰富，如果缺乏变化，则画面将流于呆板，但若仅顾及变化，画面又将失之紊乱。因此，安排画面时，要以多样的变化来充实画面，也要以"寓变化于统一"的手法来观照全局，统整画面。

图 5-43 统一

⑩简约或单纯（图5-44），最主要的方法便是以简洁、单纯、抽离形象的表现，来表达一种境界，其意义在于将内容以简化的形式呈现出来，忽略其他次要或多余的陪衬与装饰。现下简约主义是一种时尚潮流，也是一种文化倾向，一种艺术家理想主义的探索，还是一种美学定义或是一种哲学教育。无论是西方的纯真朴拙，还是东方的简单空灵，都是单纯形式原则的表现，让人在欣赏作品时，可以激发想象力与联想力，感受感官以外的体验与领悟。

了解了这十种手法，再回去对比两者，就可以找到它们之间更多的差别了。

图 5-44　简约

第 2 节

打造现代风格的具体攻略

打造现代风格，可以从七个方面着手。

一、现代风格的硬装

硬装主要有三大块（图 5-45）：

①天花板：多以白色或灰色为主，并运用线条化解空间局限。

②地面：使用单一用色，简化空间视觉感，淡化内外分界。

③墙壁：以木、石、铁艺等简洁材质为主。

图 5-45　现代风格的硬装

二、现代风格的软装及摆件搭配重点

软装及摆件方面，现代风格空间的装饰同样有三处需要注意（图 5-46）：

①门窗：以细长为佳，如通高 2.4 m 及以上的隐形门、落地窗等。

②家具家饰：多用软性材质如布或皮等来软化硬装建材带来的刚冷感觉。

③摆件：多以线条及几何图形为主，构建简洁利落的氛围。

图 5-46　现代风格空间的软装及摆件

三、现代风格的光线及照明

光线与照明，分别对应自然光与人造光。一般来讲，需要两者结合起来，共同营造家居的光影效果（图 5-47）。

图 5-47 现代风格空间的光线及照明

1. 自然光

追求尽可能多的自然光，此外，也要善用材料、家具或其他装饰，创造光影变化。比如通过调节光源的窗帘或百叶窗来营造光影效果（图 5-48）。

图 5-48 利用窗帘或百叶窗调节光影

2. 人造光

以现代感的灯具进行点缀，并使用多光源或间接照明突显空间感（图 5-49）。此外，也可以通过材料和照明营造光影变化，打造独特的生活氛围（图 5-50）。比如使用玻璃镜面、大理石、金属等可以反射光线的材料，或者嵌入灯带，可以缓解空间的压迫感（图 5-51）。事实上，还可以利用木格栅、格纹玻璃或其他类似设计让光线表现出渐层感（图 5-52），当然，有特色的灯饰也是加分项（图 5-53）。

图 5-49　利用多光源及间接照明突显空间感　　图 5-50　通过材料与照明营造光影变化

图 5-51　用可以反射光线的材料或灯带缓解空间的压迫感

图 5-52 特色设计让光线表现出
　　　　渐层感

图 5-53 尽量选择有特色的灯饰

四、打造利落的线条

现代风格的设计讲究不过于繁
复的利落线条，舍弃过多的图案及
花纹，以大面积几何色块让视觉面
积得到延伸，塑造出利落的空间感。
在家具及摆饰方面，也以简约的线
条设计为主，让整体造型简单大方
（图 5-54）。

图 5-54 线条利落

五、营造明亮宽敞的空间感

穿透性佳、视觉通透、采光良好是现代风格的空间特征。因此，利用大量的自然
采光与通透设计，让整体视觉感放大，使空间感觉更宽敞，打造功能良好的空间动线，
避免过于复杂的设计给视觉造成负担（图 5-55）。

图 5-55　增加通透性和采光的现代风格空间设计

六、现代风格需注意精致的品质

精致即细节，"差不多"是简陋的根源，"死磕"才是精致的开始。比如阴阳角、墙地面平整、材料对接等这些显而易见又被日常忽视的地方如果都能做好，那么就离精致不远了。

具体来说，装修的质感由外观、构造、功能、耐用性组成，其中耐用性肉眼不可见，那就从外观、构造和功能展开。

1. 外观

横平竖直是质感的起点，墙面水平、阴阳角垂直、不同材质间水平线（工艺缝）预留好（图 5-56），这样材质间的衔接便会平滑很多。

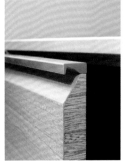

图 5-56　现代风格空间材质间要衔接平滑

此外，还要注意线条匀称的问题。在能做到线条垂直后，线条自身要符合当前空间比例，太粗或太细都不好。比如窗框，目前主流窗框宽度都在 55 ~ 65 mm；在常规的住宅空间（面宽 3.5 m、高度 2.8 m）中，若是通顶也就罢了，若只是墙面中的一块，就会有明显的粗笨感（图 5-57）。再比如敞开的柜体搁板、墙上的搁板，18 mm 厚的板材明显看着简易，给人一种撑不住的感觉（其实也是事实），若是做成 45 mm 厚的话，明显从视觉上就舒服了很多（图 5-58）。

图 5-57 窗框在不同大小空间中给人的感受不同

图 5-58 开放式柜体上的搁板要厚一些才有质感

最后，还要明白"少即是多"的道理，材质、颜色要尽可能少，做到整齐统一。纵观各大建筑师的作品，无一不是将此概念诠释到极致（图 5-59）。

图 5-59　"少即是多"的原则在空间中的体现

2. 构造

构造的外在表现部分和第一点外观重合，构造的内在如户型格局、柜体格局、家具位置、灯光布置等，都要以有利于使用为核心（图 5-60）。

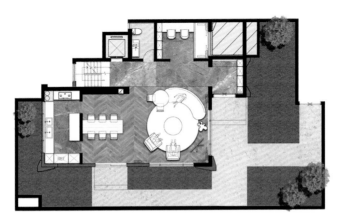

图 5-60　现代风格空间的格局构造要以使用为核心

3. 功能

基于构造所衍生的有利于使用的作用，如全屋收纳数据的达成、人性化的厨房、三分离或四分离的卫生间等，是由格局构造带来的功能。往细节看，根据人体工程学同样可以延伸出很多人性化设计，如橱柜的高低台面、地柜用抽屉、吊柜用柜门等（图 5-61）。

最后，耐用性无法看到，只能随着日常使用日渐感知，短暂接触是很难看出来的。比如柜体是否容易变形，石材是否容易开裂、发黄，以及设备的故障发生率等。

图 5-61　人体工程学带来的人性化设计

七、怎样做到简约而不空旷、不显旧

其实这也是困扰很多初入行的从业者的问题：小空间中物品不够放，大空间又嫌填不满。事实上，户型无论大小，都由数个空间组成，随着面积的扩大，各空间的大小也在不断增加。

在一个面积有限的空间内，尺度是相当重要的，不同的尺度代表了人在其中会有完全不同的体验。以床两侧过道来讲，宽度从 450 mm 到 1450 mm 都有，450 mm 的宽度是最低标准，每提升 200 mm 便是一个模块，650 mm 是床两侧可以有较多的空间的宽度，850 mm 是一个可以进行简单操作的宽度，比如单排橱柜的操作空间等，后面以此类推（图 5-62）。

图 5-62　不同的空间有不同的尺寸设计

即使在同一空间中，也会有不同的尺寸。比如在 10 ～ 12 m² 的卧室内，床两侧宽度 650 mm 较为多见；一旦空间达到 15 m² 以上，床两侧的宽度也很明显地随之上涨，能达到 800 mm 左右。650 mm 和 800 mm 给人的体验感是很不同的。以别墅来说，尺寸相对较大，要更注重尺寸上的密闭性，尽可能在较为宽敞（开放）的空间让用户产生边界和围拢的氛围，如沙发可以尝试下沉式或多种类型组合形成环绕感，来塑造相应的气氛。

简约风格会显旧的主因是随着时间推移，材质老化，比如墙漆在日光下会渐渐褪色，壁纸会吸尘，浅色墙板会发黄等。换成其他风格并不能解决这些问题，要想不让简约风格空间显旧，就要从材质入手。相较而言重色会更耐久些，但重色在前些年出现在简约风格空间中还极少，更多是在类似欧式风格空间中出现。比如大的护墙板以及贴满墙、地的石材等，多是棕色或红色，这些颜色无论加深或变浅，都不那么容易显旧。近几年简约风格空间中也会使用一些重色，比如灰色、黑色等，但要注意根据户型、格局来具体设计。

不过，简约风格空间中全用重色并不现实，因此，对于显旧的问题，并没有可以彻底解决的办法，但可以相对延缓，比如强光处用深色亚光的材质，可以避免强光反射晃眼，而且深色就算随着时间迁移也不易显旧（图5-63）。在无阳光直射区（背阴面）可以用浅色，一般常分配在这类区域的功能空间有餐厅、厨房、次卧、书房等（图5-64）。

图 5-63　深色不易显旧

图 5-64　浅色可用在背光的空间中

第 6 章

新中式风格

图 6-1 是典型的新中式风格家居，它的突出特点有如下几点：

图 6-1　新中式风格室内设计案例

①审美：新中式目前新在它是现代与中式的结合，现代体现在新材料（以前中式风格中没有用到的材料）上，还有现代风格标志性的线条以及以简洁为主的审美方式。但要注意的是，虽然新中式的审美是现代的，但表现上不能过于现代，家具、陈设选择依然以中式为主线，可以以现代的方式组合。

②中式元素：有别于常规的空间，新中式在建筑层面的门、窗、梁、柱能瞬间唤醒那份独特的认知，比如木柱的石基、木柱、木梁、栅格门等。

③配色：新中式空间颜色的配比简单到了极致，白色、木色、黑灰色，这些颜色在自然中随处可见，符合文化记忆的传承。

④纹理：标志性的纹理，如落地灯、台灯上的纹理等。

⑤线条：新中式的现代感往往体现在大量的直线条上。

⑥布局：对称式布局，沉稳雅致。

第 1 节

新中式风格因何而生

近几年来，国内掀起一股国潮风，从时尚界T台到顶级餐饮酒店设计，再到家居设计，都纷纷用中式元素（如仙鹤、朱雀、祥云、古典园林建筑图标等）或者材质进行创作。国潮兴起的背后，是从经济富强进一步拓展到文化自信。传统文化的回归以及大众对传统文化越发强烈的认同感，也在某种程度上推动着国潮的崛起（图6-2）。

我们前面也提到过，居住风格大都是从实用的角度出发的，并且融合了当地的审美、传统和情趣。新中式风格出现得较早，变化也较多（图6-3），但在居住层面，新中式进步的空间还很大。因为近百年来中国变化很大，新中式风格尝试用现代的手法对中国传统美进行表达，是一件仍在探索中的事情，尚未积淀成型（图6-4）。

图 6-2　中式潮流的应用

图 6-3　新中式家居

图 6-4　变化中的中式风格

较早的新中式风格更倾向于古典中式，以唐、元、清等古典家具为核心进行拓展，造型较为笨重，通过繁缛的装饰来彰显富丽华贵。具体表现为：全红木家具，造型方正，尺寸也较大，还有繁复的雕花，再加上红色的回形纹隔断、吊顶和背景墙。营造出来的风格给人的感觉就是大写的"有钱"，随后这种做法逐渐沉寂（图6-5）。

图 6-5　早期的新中式风格

随着 2008 年北京奥运会和 2010 年上海世博会的举办，东方风格逐渐兴起，开始排斥老式红木风，追求文化内涵，而水墨书法、花鸟工笔画就成了最好的寄托。从外观上讲，呈现出黑白简约框架与实木、大理石等偏中式材料的形态。然而，成也萧何，败也萧何，这样的东方风格虽然也曾兴盛一时，但最后终究湮没在低标准下，材料、细节不达标，并且因粗制滥造而搞成了四不像，渐渐被边缘化（图6-6）。

2015 年后，新中式风格有了新的变化，体现在以宋、明家具为中心展开，在搭配上不再显得程式化，更加灵活多变，并尝试对现代生活方式进行适配，又有中式审美特色。这样的新中式风格更讲究深耕核心价值，而不是堆砌肤浅的外壳（图6-7）。

图 6-6　一度偏向于东方风格的新中式

图 6-7　具有中式审美特色的新中式风格

一、新中式风格的典型元素（材质、图案和家具）

材质上，新中式风格空间倾向于使用自然朴素的材质，如木材、灰砖、亚光漆、硅藻泥、陶、壁纸、棉麻等，比较忌讳大面积的亮光材质，如不锈钢、玻璃、石材、漆皮等。亚光低调才能彰显其"大隐隐于世"的悠然和儒雅（图6-8）。

图 6-8　亚光低调彰显儒雅气质

新中式风格空间进行装饰时，以大量的木制品为主，包含但不限于木饰面、木质家具、梁、柱等。木质材料以赤杨、硬枫、白蜡木、椴木、白橡、核桃木为主，偶尔会配榉木、红榆、黄桦木、黑胡桃、红橡、黄杨、樱桃木、软枫、红香杉等。从造价层面看，白蜡木最多，橡木次之（图 6-9）。

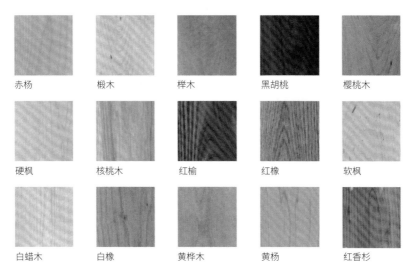

图 6-9　新中式风格常使用的木质材料

造型方面，直线、栅格、几何形状的图案体现了新中式的"新"，且强调了规则感（图 6-10），并通过细腻的材质来表现专业的打磨工艺。多见的花格如套方锦花格、井字格等，用以勾勒新中式的内涵（图 6-11）。

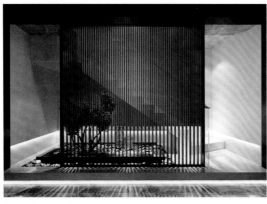

图 6-10　新中式风格空间中的造型

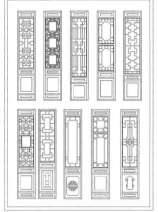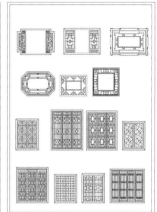

图 6-11 新中式风格的花格

家具方面，新中式家具最核心的便是椅子，而椅子绝大部分都是从圈椅和官帽椅两种制式发展而来的（图 6-12）。圈椅，像"梵几""半木"这些当红的中国本土设计品牌里到处都有圈椅的变体（图 6-13），几位世界著名的设计大师都设计过圈椅变体。如 Y 椅、Thonet B9 号椅、齐彭代尔的中式椅，一眼望去满满的中式神韵（图 6-14）。

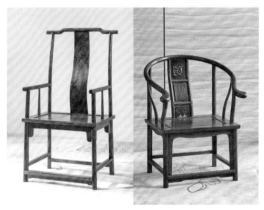

图 6-12 新中式的椅子

图 6-13 圈椅变体

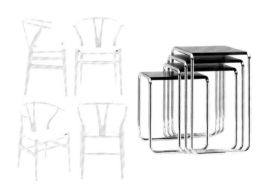

图 6-14 一些品牌设计的中式椅

此外，还有几种家具也比较常见：

①条案：仪式感较强的家具，有翘头和平头两种，居家布置中多出现在玄关、过道处（图 6-15）。

图 6-15　条案

②罗汉床：古典卧式家具的典型代表，功能上有宴客、交谈、小憩，经过现代改进以后，作为新中式风格中的沙发而存在（图 6-16、图 6-17）。

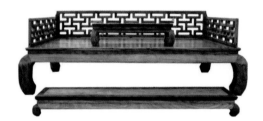

图 6-16　罗汉床

图 6-17　新中式风格空间中的罗汉床

③屏风：屏风是提升空间层次感、塑造意境
的利器，隔而不断是其功能和美的体现（图 6-18）。

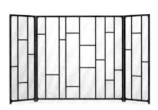

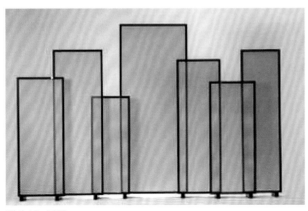

图 6-18　屏风

④博古架：新中式在大面积的留白中也需要精
致点缀，博古架就是承载这些精致的所在（图 6-19）。

图 6-19　博古架

二、新中式风格的颜色如何选配

新中式色彩特征并不明显，特别重视搭配自然界的原色，如木色、白色、灰色、黑色等，然后适当点缀绿植色、低饱和度及高灰度的青色和蓝色（图 6-20）。

墙面在木饰面以外一般要大量留白，因为白色是新中式风格的必备映衬（图 6-21）。

图 6-20 新中式风格的典型配色

图 6-21 新中式风格的墙面
要注意留白

地面以黑色或灰色的材质为主，不局限于某种特定材质，地毯、微水泥、亚光砖、地板等都在选择范围内（图 6-22）。

图 6-22 新中式风格以素色材质为主

新中式空间中比较典型的配色组合是木色、白色与黑灰色。这种配色以苏州园林为参照模板，以黑、白、灰为基调，用米色和棕色做点缀（家具），整体感觉简朴而优美，传统中透露着现代，满足了人们对自然、朴素、雅致的追求（图6-23）。

图6-23　木色、白色与黑灰色搭配

三、新中式风格目前的缺憾与可完善的空间

目前主流的新中式风格较为贴合国学精神的意境，但还不够贴合国人现在的生活。事实上，以现代极简为核心，并不符合国人目前身处的周遭环境。对于很多人来说，极简的生活方式好则好矣，实际却不一定能够做到。毕竟我们身处于物质丰富的环境中，一边感叹"东西难收拾"，一边又视若无睹地继续生活。可以说，这样的生活态度和新中式风格讲究简洁的格调是背道而驰的。这里从设计类型与设计误区两方面来分析一下。

（1）设计类型。

在家具层面，现代中式家具的开发设计还处于探索和发展阶段，由于业界在设计思想、理念、方法和表现形式上存在不同的理解，因而造成其设计实践倾向存在差异。当前国内市场上的现代中式家具主要有两种设计类型。

①"形"的延续和改良——"仿中式"（图6-24）。

这类家具设计立足于对传统中式家具（主要是宋、明家具）形制的模仿和改良，采用元素移用、整体简化、打散重构等方式进行设计。这类家具在形式上延续了中式的传统，"形"的改良增强了家具的时尚感和艺术性，在质感和工艺上则具有现代感。

②"意"的拓展和创新——"新中式"（图6-25）。

意境是中国传统美学的重要范畴，是表现家具风格和文化内蕴的关键内容。这类家具的设计理念是在切合中国传统文化和美学精神的前提下，塑造现代生活方式，专注于意象、意境，并不限定家具的具体形式和表现手法。这种类型的新中式主要着眼于"新"与"中"的关系上，即"现代"与"传统"在家具形式中结合的"度"。

图6-24　"仿中式"家具

（2）设计误区。

现今对于这类新中式家具的具体设计尚在探索当中，并且由于重点集中在传统中式家具造型与现代生产加工技术的结合方面，忽视了对传统文化内容的深度发掘，导致设计出来的一些家具成为应用机械加工的明清家具仿制品，或者应用红木材料的现代家具仿制品，并未将现代生活的时尚需求和传统文化精髓很好地融合在一起，在新奇而富于变化的造型中总是缺少一些和谐。现在的新中式家具设计存在以下几点误区。

①形似仿古（图 6-26）：中国传统家具工艺在明清时期达到了"历史高峰"，也形成了固定的形制和制作工艺，目前明清家具式样仍是仿古家具的最佳模本。许多现代中式家具往往为了体现古风古韵，刻意采用或模仿明清家具的样式，保留诸多明清家具的元素，从而减弱或失去了创新的成分。如明式圈椅的栲栳圈、扶手椅的 S 形靠背板等结构部件往往被不加变化地应用到家具造型上（图 6-27），这也使得家具造型难以超越明清家具形制，更像是复古或仿古，而并非创新。

图 6-25　"新中式"家具

图 6-26　仿古家具

图 6-27　新中式家具易受古典家具形制的限制

②自说自话（图 6-28）：某些家具往往被冠以相当抽象或诗意的文化概念或名头，如"唐风""汉韵""明清风骨"等，而实际造型却难以让人与它的名字联系起来。也就是说，设计师所采用的"设计语汇"并不能唤起人们的设计认同或文化认同，其结果往往是设计师的"自言自语"。

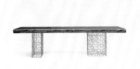

图 6-28 新中式家具的文化概念需要精确

③盲目简化（图 6-29）：由于受国际设计理念的影响，家具业内曾流行一种观念，即现代中式家具设计是对传统家具造型元素的概括、提炼和简化。因此，诸多省去了古典家具中的装饰部件，并被赋予素洁平整的表面肌理的家具，就这样被冠以"现代中式"的名头。但不管是从造型上还是结构工艺方面，都很难辨认出中式家具的特征，反而与现代西式家具风格更为接近。其主要原因在于对中式家具形式的简化过于盲目，而忽视了简化形式与整体家具造型的和谐性。

图 6-29 盲目简化不利于新中式家具的设计

④刻意解构（图 6-30）：解构方式是现代先锋设计的惯用手法，突出新异意识，使作品表现出一种出人意料的独特性。某些新中式家具在设计过程中也使用了解构的方式，比如将明式圈椅的栲栳圈与箱柜组合，将靠背、扶手、框架肢解后重组等。这种解构方式多是出自对时尚审美情趣的迎合，而缺少对生活方式、使用功能和家居文化的分析和探究，因此这类家具更像是时尚工艺品，而缺少了生活的温暖触感。

图 6-30　解构重组后的新中式家具

因此，无论从外观还是内涵来看，当前新中式风格仍需沉淀。期待未来有更加成熟的新中式风格设计出现，弥补当下的缺憾。

四、新中式风格易与东方风格混淆

混搭不属于新中式，混搭在各种风格内似乎都是能打造独特品位的良方，但唯有在新中式中是比较忌讳的（图 6-31）。

图 6-31　新中式风格忌混搭

新中式是较为宽泛的，同时也是狭义的，宽泛在于中式风格进行革新现代化以后都可被称为新中式，但中式风格本身仍在革新，这点尚在拓展中，并无准确的定义。从当下来看，人们心理能接受的、默认的是原木色、白色和黑灰色结合的，带有悠然、儒雅感觉的新中式，从市面上各种作品来看也是如此。具有中式元素，且用色、用料大胆的，往往是东方风格以及新东方风格（图6-32）。

图6-32　东方风格

若强行将新中式风格和东方风格混淆，或因分不清楚两者而混为一谈，在设计和落地上也搅和在一处，最终效果只会让人摇头（图6-33）。

中国历史源远流长，明清距离现代最近，也有大量的实据可查，再往前则多是只言片语。不同的时期，人们的审美、生活方式差异明显，将不同的时期混淆，只会让设计不伦不类，贻笑大方（图6-34）。

支持混搭且兼容各种元素材质的是东方风格，起源于17世纪前后，基底是巴洛克和洛可可，常用各种中性色调，如蓝色、绿色，甚至覆盖了大胆的黄色、橙色、红色等（图6-35）。

图6-33　东方风格兼容各种材质

图 6-34　新中式风格需要纯粹

图 6-35　东方风格空间用色大胆

早期的东方风格来源于大航海时期的地理大发现，是欧洲艺术家对东方文化的一种愿景，是欧洲所理解的东方世界、东方文化及人文。如龙雀图腾、亭台楼阁、彩绸灯笼、花香鸟语和东方吏士等（图 6-36）。这种理解和印象是十分模糊的，因而西方人对于东方美学不同层面的解读互相叠加融合，创造出一个脱离了现实世界的华美细腻、带着温柔与神秘的异度空间（图 6-37）。这便是东方风格的由来。

图 6-36 空间中的东方文化元素

图 6-37 西方人眼中的"东方"

　　至于有人将新中式与东方风格混淆在一起，可能是因为两种风格空间中都有中式元素，便将两者混为一谈了（图 6-38）。

图 6-38 若不理解风格的精确定义，则容易混淆空间的风格

第 2 节

打造新中式风格的具体攻略

一、新中式风格空间的自身建筑构件

新中式风格的核心在于家具的选择，以及建筑层面的门、窗、梁、柱。

中式风格讲究气度、形式和外在（图 6-39）。比如，传统中式的厅是用来待客的，入厅的四扇门，日常只开左右两扇，一般厅中间是一个高脚茶几，两边各有一把太师椅。喝茶时得用茶碗，主位椅得有靠山，细说下去还有各种规矩，无论家具体量，还是礼仪细则，都不是一般家庭能驾驭的。于是，新中式风格将一些中式元素衍化为纯粹的视觉物品，从而得到相关的精神加成（图 6-40）。像门、窗、梁、柱这些现在室内空间中越来越稀少的元素，反而更能将习以为常的空间点缀出新意（图 6-41）。

图 6-39　中式风格空间比较讲究气度

图 6-40　新中式风格将一些元素衍化为视觉物品

图 6-41 门、窗、梁、柱可将习以为常的空间点缀出新意

1. 窗

新中式的窗户可以做铝包木型，如果可在双层玻璃中间加栅格和雾化膜（这种操作多见于浴室窗），切换成明纸窗也是很简单的操作，不过成本会高一些。当然，也有不用这么破费的方式，那就是去古玩市场或老宅淘一些窗来放在墙上做装饰，也颇为动人（图 6-42）。至于能不能开，是否能真的连通两个空间并不重要，重要的是塑造新中式的空间感（图 6-43）。

图 6-42 新中式空间中的窗

图 6-43 窗的意义在于塑造新中式的空间感

2. 门

门的形状固然重要，比如月亮门或宝瓶门，都以形状取胜，不过门开启的方式更加关键。中式门中最有气势的是有中轴的门，可以 90°旋转（图 6-44）。

3. 顶

若建筑自身有横梁，其能够规则排列或交叉排列自然最佳，这样纵横交织起来，颇有一种复古的雅趣（图 6-45）。没这种建筑条件的，如果房屋本身情况允许的话，可以尝试这么做，这样的原木顶（图 6-46）很像年久的木楼，让人有一秒穿越的感觉。

图 6-44　中式的门

图 6-45　中式屋顶上的横梁

图 6-46　原木顶的古意

二、新中式风格空间需注意留白

留白源自国画，是营造空间感的重要手法。一幅山水画最出彩的地方，就是明明无墨无形，却令观者产生无限遐想，虚实相生，妙极无穷（图 6-47）。留白在新中式风格空间中以大面积的白墙或木饰面为载体，两者对比，或点缀较少的装饰，可以丰富空间层次感（图 6-48）。

图 6-47 水墨山水的妙处　　　　　　　　　图 6-48 新中式风格空间中的层次感

三、新中式风格的添境手法

　　山水田园是新中式的核心，水墨画、山水屏风、盆栽都是为了找寻和还原大自然的影子。如今身处"城市丛林"，若想寄情山水，就得引景入室。常用的方法就是应用园林设计中添境的方式，其又可细分为借景、框景、障景、添景等手法。无论用哪种手法，目的和留白一样，旨在成就新中式的魂，赋予空间灵性，留下更多想象空间（图 6-49）。

　　玄关是一户的点睛之处，在玄关处可以综合留白与添境两种做法（图 6-50）：将条案或边柜放在中心位，前面留白或背靠栅格，辅以个性化的摆件，形成视觉焦点。

图 6-49 新中式风格空间装饰的　　图 6-50 玄关的留白与添境
　　　　各种手法赋予空间更多
　　　　想象

1. 新中式风格的借景手法

借景是指在视力所及的范围内，将美好的景色整合到视野中，在室内常表现为空间对空间的渗透，增加感知环境的深度和广度。新中式空间借景讲究"俗则屏之，嘉则收之"，常用方法是利用大面积的落地窗和小窗格，将自然景观引入室内，同时也要遮掩所借之景中的一些不美之处（图 6-51）。细分的话，借景大约有五种方式：

图 6-51 借景

①远借（图 6-52）：将园林远景借入家中。

②邻借（图 6-53）：将园外或景区外近景借入家中。

③仰借（图 6-54）：在家中仰视外面的峰峦、峭壁或邻近的高塔。

④俯借（图 6-55）：登高远望、俯视所借园外或景区外景物。

⑤因时因地而借（图 6-56）：如果条件允许的话，还可以利用一日或四季大自然的变化，与园景配合组景。一般来说，可以朝借旭日，晚借夕阳，春借桃柳，夏借荷塘，秋借丹枫，冬借飞雪等（图 6-57）。

图 6-52　远借

图 6-53　邻借

图 6-54　仰借

图 6-55　俯借

图 6-56　因时因地而借

图 6-57　与园景配合组景

2. 新中式风格的框景手法

框景是利用门框、窗框的洞口等，有选择地选取空间景色。框景和借景最大的不同在于选择的范围，框景更倾向于眼前的一亩三分地，而借景则无所不借，近处远处都可以，只要是美的都可以收进来。新中式风格中用于框景的框常见为门、窗、墙体和隔断等，比如月洞门、圆窗、梅花窗、屏风隔断等（图 6-58）。

图 6-58 框景

3. 新中式风格的障景手法

　　障景是指用构筑物遮挡、分隔景物，将景观收于其后，使人对其不能一览无余，达到欲扬先抑的效果。障景能起到视觉缓冲的作用，在需要隔绝视线的地方，可以采用装饰屏风、窗帘、木门、博古架等，使空间层次更为丰富（图 6-59）。

图 6-59　障景

4. 新中式风格的添景手法

添景也叫"点景"，是指在缺乏层次的地方添加某些景致，用以丰富空间层次感，一花、一木、一水、一凳都可以成为添景，达到画龙点睛、锦上添花的效果（图 6-60）。

图 6-60　添景

尾声

怎样塑造生活感

这几年，"生活感"一直是设计圈和潮流所关切的议题。然而生活感究竟是什么呢？

个人认为，生活感是一个人面对生活的方式，包含居住空间的样貌、使用器物的选择，甚至还涵盖了生活的方法。生活感的建立，理论上应该是很私密的，但是由于设计产业的发展与生活的精致化，生活感也变成了一种潮流。

生活感的初衷在慢慢消逝

无印良品是生活感风格的鼻祖。小至牙刷、铅笔，大至沙发、家具，在一个风格的品牌之内全部包含。这几年出现的 Art Deco 风格，早些年流行过的欧式风格，甚至由老物件建立起来的"侘寂"风格（"侘寂"这个词来源于日本，指朴素又安静），都一度炙手可热。当私密不再成为一种自我的时尚，生活感也就慢慢失去了原有的诠释。

生活感的崛起

流行曾是一种群体意识，风格与潮流也很单一。犹记得当年流行喇叭裤时，大街小巷的年轻人会不约而同地穿上它。社会上流行什么，街上的人们就有着大同小异的穿搭。

而现在则可以同时看见紧身裤与宽裤、喇叭裤的穿着，单一时尚品牌出现在年轻人身上的机会越来越少，取而代之的是一些有个性的独立品牌，价格不见得比人们熟知的名牌便宜，但是十分低调。如果从细节去感受，就会发现，每个人都有自己的品位。

如今，精品的定义已经扩展到更多领域，例如文具、厨房用品、随身小物等，每件东西似乎都被精致地设计了一番，使用时间更久，同时也更有个性。年轻人不再流行跟风，而是有自己独特的品位。

一切都是最好的安排

每个人的个性意识是审美品位提高的基础，而在从追求流行到个性化的转变过程中，自然也有可能误入歧途，谁不是从无知当中学习而来的呢？当我们越来越重视自己身边的小物品，慢慢地向外扩张，就会拓展到一个房间、一个空间领域，最后是一个家，那才是生活感真正的归宿。简单来说，生活感就是很多小我所累积起来的自我。

进入真正的生活

将自己生活上的所有期待慢慢变成自己可以做到的样貌，就可以收获真正属于自己的生活感。就像沏一杯茶，先挑选自己想喝的茶叶，再寻找想要的茶壶与茶杯，接下来好好地坐在桌前，静下来用

心使用每件物品，好好地冲茶，慢慢地喝茶。每个细节都会帮你体会对于生活的感受，这种感受不同于只用眼睛看到的表象。当我们把精力花在体会生活的每一件事情上时，谁还会只为了发朋友圈而去摆拍呢？

材料的质感

材料质感的重要性往往在选搭的时候就能体会到。选材料，其实是整个设计环节中很特别的阶段。很多从业者会在设计初始时收集材料样板，对于很多问题，比如木皮的纹理、大理石的反光感、布料是棉的还是丝的、铁件要用镀钛的还是烤漆的等，都会斟酌再三，思考如何通过材料反映出空间的张力与质感。

因为材料样板是由各材料商提供的样品小样拼组而成的，与真实的呈现效果相去甚远，所以很难想象到大面积的视觉感受。但是有些用户最爱干的事便是将每样材料拿在手上，仔细端详每种材质的细节，评论对每一片材料的感觉，却忘了搭配的重要性。

我相信这些都是用户最真实的感受，然而喜欢与不喜欢就跟爱情一样让人捉摸不定，这些感受常是建立在一种纯粹的感觉上，而并非如设计师那样是在通盘考量下做出的专业判断。

很多时候，直到接近完工的阶段，用户才反应过来，"当初油漆色应该选深一点""当初选 B 木纹就更搭了"，然后砍掉重来的也不少，白白增加了工期与预算。

老实说，我常常觉得这样的过程对专业设计师来说是一种无奈。甚至有时候，用户拿出一张很多木皮拼接的照片，但是却告诉我们：他并不喜欢木皮……

挑材料，实际上是有一些小诀窍的，在这里给出一些建议：

①材质配比。在你所喜欢的意向照片中，那些已经完成的室内设计作品，其材料的搭配往往有一个比例关系，因此你将所有将要用到的材料摆放在一起时，如果可以用类似的比例关系来摆放，更可以拿捏其与意向照片所传达出来的感受是否一致。

②涂料选色。在大面积的状态下，油漆颜色往往比色卡上看起来更淡一些，如果希望色彩更接近自己想要的，在选择色卡时，选比对应颜色深一号的那个色卡，往往效果会更好。

③布料选配。对于大多数用户来说，布料选配最难。织纹的大小与其看小样品，不如请设计师带你去看大面积的布样，会更容易感受到真实情况。更重要的是，深切体会适合自己的布料触感。有些人适合棉，有些人适合丝，布料不仅仅是最亲肤的材料，也是最能体现一个人喜爱哪种质感的材质。选对布料的材质，大过选对布料的颜色。

④色调比例。一般来说，一个空间的色调不要超过三种，并且要有轻重的比例关系。两个类似色的混搭最为协调，再用另外一个对比色或撞色当作空间的点缀色，是最不会出错的方法。

⑤实际感受。摸不着的材料，请用远的视觉来感受；摸得着的则要用手的触感来感受。如此一来，再配合设计师的专业设计，就能呈现最佳效果。

⑥了解真实的自己。必须认真观察自己挑选与讨论过的意向照片，认真去推敲自己究竟喜欢哪些材质，才不会看的是一套，说的是另一套。

希望以上六点能对寻找生活感的装修业主有所帮助。条件允许的情况下，业主可以与设计师一同挑选材料，因为参与设计是设计过程中最美好的事。试着更清楚地表达自己所喜欢的感受，尊重设计师的专业建议，质感的呈现并不难。

祝每个人都能找到自己满意的生活感。